統計入門
因子分析
の意味がわかる

正田 良　Ryo Shoda

はじめに

因子分析は，応用数学の一分野で，かつて文系・理系と画然としてあった学問分野の境界を，ボーダレスにした手法です。それもそのはず，因子分析を考えだしたのは，「人間の知能には，どのような構造があるのか」という疑問に取り組んでいた心理学者サーストン。つまり文系陣営側の人なのです。

　一方，文系の学部で学生さんが卒業研究に因子分析などの手法を使うのは，ちょっとためらいがあります。このごろの高等学校では，選択の多様性というスローガンのもと，選択科目が多くなり，大学生の人に要求できる共通の予備知識は，ごく限られたものとなっています。生涯学習の観点から見れば，何でもいいから教えておこうではなく，必要になってから，それを学べばいい。このような主張が「選択の多様性」を推し進めたのです。でも，大前提としてあった，「将来学ぼうと思えば，ちゃんと学べる環境がある」という条件が忘れられてはいないでしょうか。むしろ背伸びした高校生の人が将来大学でどのようなことをしてみようかという問題意識を持ってもらうためにも，必要な環境でもあるはずです。そこで，ないなら自分で作ってみよう。これがこの本を書こうと思ったそもそもの動機です。

この本が扱う主目的は因子分析にあります。でも、類似の手法である判別分析、t検定、χ^2検定などに関しても触れました。どのような仮説を立証したいのかによって、統計的手法を選ぶ必要があるからです。それらがどのようなものか、読者の方が調べようとされている事例にはどれが適しているのか知っていただけると思います。

　確かに、因子分析などの数学に関する文献はあります。でも、相当の予備知識が必要なので、予備知識の勉強から始めていては、歩むべき道があまりに長くなってしまいます。数学というと、体系的・論理的な学問と思われています。でも人間は論理的なようでいて、緻密な論理を積み上げられたとしても、何かわかったような、わからないような。つまり論理的な説明にだまされたかのような気さえ起こすものです。

　難しい講義を聞いているときに、隣にすわった、ちょっとおしゃべりで、ユーモアのセンスがある友だち。そんな人が友だちにいると、「ねえ、これって、○○ってこと？」、「なぁ～んだ、つまり××ってことだね」などと、思わぬ関連を指摘してくれて、難しい内容が、ストンとわかった気になるってことありま

せんか。こんな友だちがゼミで一緒だったりすると，物事を発散的にとらえられて研究が楽しくなるだろうし，大いに研究が進むと思います。また，難しいことでも，同じ研究室の先輩の作業を，下働きとして手伝っていると，具体的なデータとか，先輩の「これはさ，要するに」とその分野を精通している人ならではの具体例を聞ける。作業を通じて，その概念がわかるってこともあるでしょう。まず簡単な作業にノックダウンし，作業を通じて背後にある意味を経験する。そんなわかりかたが，実は必要だったりすると思うのです。

　数学は論理的な積み上げだから，ひとつひとつ努力して理解しながら…って思っていて挫折しそうな人。ひとりで教科書を読むだけが勉強ではないのです。気の利いた冗談の一言で，これまでわからなかった難しいことが突然わかってしまうってこともあります。でも，そんな気の利いた一言を言ってくれる人がいつも隣にいるとは限りません。本でそんなことができたらどんなにいいでしょう。私がこれまで出会った高校生や大学生の一言を参考にしながら，必要なときに3分間で作れる即席友だちとしてこの本を企画してみました。

一番速い読みかたは，第1章の次に第5章を読みます。第1章で，因子分析の考えかたが，第5章で具体的な実例を読むことができます。

　データを分担して入力するような場合，それぞれの処理結果を足せるものと足せないものとがあります。意外と落とし穴になりやすいのです。第2章では，何ができて，何ができないのか。データを表に整理しながらの作業を通じて具体的に記しました。

　第3章・第4章では，調査されたサンプルから全体を推測する方法について述べました。また，t検定・χ^2検定といった調査結果に関する意思決定の方法に関しても触れました。

　第6章には，中学校までの数学を予備知識とするだけで，この本を読むことができるように，シグマ記号や最小2乗法などについて，簡単に説明を試みています。

　末筆になりましたが，これまでに私に面白い経験を与えてくれたいろいろな学校の教え子さんたち，面白い話題を話してくれた研究会の仲間の先生，そして初めての読者として，この分野が苦手な人がどうしてほしいのか大いに参考になる（時に

はじめに

は，わがまますぎる）意見を述べてくれた，自称数学不得意人間代表のベレ出版の編集担当者，安達正さんに謝意を表します。

　この本があなたのお役に立つことができれば幸いです。

もくじ

はじめに 3

第1章　因子分析はまざりかたの分析 15

1. 因子分析とは，抽出・精製の作業 16
2. 因子分析の例…性格検査 18
3. 平均と標準偏差 21
4. 相関係数と因子負荷量 39

第2章　平均の意味 43

1. 合併しても足されないもの 44
2. データの合併と相関係数 54

第3章　推測統計と確率分布のモデル　65

1. 3つの代表値　66
2. 分布のモデルを考えてまだ見ぬ人を予想する　73

第4章　次に来る人を予想する　91

1. 何センチ以上，何センチ以下　92
2. 確率分布と統計量　96
3. 母集団と標本　102
4. 他の分布とそれを応用した検定　106

第5章　おちゃめな因子分析ノート　*117*

1. 漫画の文体の分析　*118*
2. 手作りの性格検査　*126*
3. 重回帰分析　*132*

第6章　数式が必要な人のために　*139*

1. シグマ記号　*140*
2. 最小自乗法　*142*
3. 多次元量と行列　*145*
4. 重積分と2変数の確率分布　*153*
5. 二項分布　*174*

補充用語集　*191*

　文献ガイド　*199*

　　補注　*202*

　　　索引　*205*

COLUMN

標準偏差の求めかた　*41*

MS-Excel の統計に関するワークシート関数　*64*

半数補正　*89*

モンテカルロ法　*115*

判別分析　*137*

誤差の可能性　*138*

大相撲の巴戦　*188*

文中の「MS-Excel」は米国 Microsoft の登録商標です。その他の製品名は各企業などが権利を有する登録商標・商標です。

第 1 章
因子分析はまざりかたの分析

1 因子分析とは，抽出・精製の作業

　人類の長い歴史の中で，塩や砂糖を発見・発明したのは，かなり昔のことですから，誰がどのようなきっかけで見つけたかは，知られてはいません。しかし，
　　　　海水のしょっぱさ
　　　　岩塩の塩辛さ
　　　　汗のしょっぱさ
などから塩を，
　　　　サトウキビの搾り汁の味
　　　　果実の甘さ
　　　　イモや穀類をよく噛んだときに広がる味
などから砂糖を，抽出・分離・精製し，名前を付け，多量に生産・貯蔵することで利用しやすくしたので，人類は，調理や味に対する文化で大きな進歩をしました。より大胆な味付けを試みることができ，また，味覚の構造についてより明確なとらえかたをすることができるようになりました。

　こんなことを考えたことがあります。もし地球人にうまく化

けおおせて長い任務を終えて故郷に帰る宇宙人が，コーヒー牛乳を持ち帰ろうと思ったとします。地球のコンビニには，多様なコーヒー牛乳があります。コンビニに行ってずらっと並んだ多様な種類を眺めることは，喜びでもありますが，まさか，その多様な種類を全部持ち帰ることはできません。適当に混ぜ合わせて他のものの代わりにすることになるでしょう。結局，インスタント・コーヒーと砂糖と，コーヒー用クリームに落ち着くかもしれませんが。

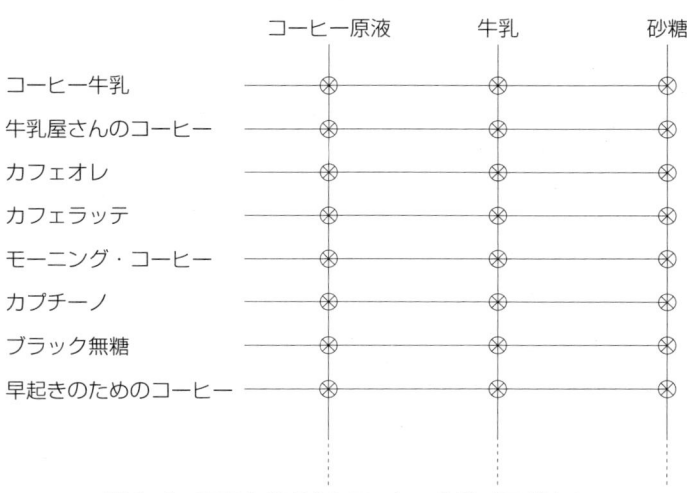

図1-1 宇宙人の考えたコーヒー牛乳プロダクト

彼は本当のことを知らないままに，どうやって地球人はこの多種多様なモノを作り出しているのか想像してみるのです。

因子分析はまざりかたの分析

地球人が動かしている工場とは，パイプが縦横に張り巡らされて，その交点にあるバルブで混ざる割合が制御されているシステムなのかと。もっとも乳業会社の営業さんがこんなことを聞いたら，わかってないなぁ，うちのは豆のひきかたが違うとか，実はシナモン・パウダーが入っているとか，おいしい水を使っているとか，教えてくれるかもしれませんが，そのような要素を蛮勇で誤差とみなして，たくさんの種類の量を，基本的なより少ない種類の量の合成として表わしてしまうことが因子分析の目標なのです。

2 因子分析の例…性格検査

　私は三重大学に勤務していたことがありますが，共通教育ゼミナールという科目群がありました。さまざまな学部の学生が一緒の授業で，担当する先生が専門性を生かしながら受講者の視野を広げるような活動を行なうといったものでした。詳しくは，すでに，加納寛子（編著）『実践　情報モラル教育』（北大路書房）に書きましたので省きますが，パソコンを利用するというかなり漠然とした内容の看板を掲げていたと思って下さい。そこで学生さんに活動を企画させるのです。ある学生さんのグループが，「性格占いみたいのやりたい」と意見を出しました。高校生の文化祭などでは，乱数を適当に使って「この2人のカップルは，相性抜群です。末永くお幸せに！」とナンパ

の片棒を担ぐってのもあります。でもせっかくなので，大学の学部の垣根をとっぱらった授業ですから，人文科学というその学生さんの将来の応用可能性と，教育学部で数学科教育を担当する私という特性を生かしたものにしたいと思いました。「占い」ではなくて，なるべくなら科学的なものをしようよ。まずそうアドバイスしました。

性格検査と言えば，ギルフォードが作ったものとか，SPIのひとつの分野とか，既存のものがいろいろとありますし，それらは調査をもとにたくさんのデータによる標準化が行なわれていますので，そのまま使ったり新しいものを開発する場合でもなるべく準拠したりすることが常識的です。でも，そのような先行研究を当たるのも大変です。こうアドバイスしました。

> たくさんの質問に対して，「大変そう思う」とか，「どちらとも言えない」とかの答えかたをさせて，その答えから性格の特徴を知ろうとするのが性格検査だよね。測りたいと思う性格の側面，例えば，内向的とか，積極的とかがあるよね。それを数個考えて，それぞれの側面に対して，その側面に対する被験者の傾向を知るための質問を数個考えてきてよ。例えば5つの側面に対して4つずつの質問なら合計20問の検査になるよね。

そうして作られてきた試作品を見て，その学生さんのユニー

クな発想を嬉しく思いました。なんと藤子不二雄さんの『ドラえもん』に出てくる登場人物ドラえもん（R），のび太（N），すねお（U），ジャイアン（G），しずか（I），できすぎ（K）の6人に対して，その人が言いそうなセリフを3つ考えてきたのです。

　下記の文章のそれぞれに関して，あなたが
[5]：すごくよく当てはまる
[4]：どちらかというと当てはまる方だ
[3]：どちらとも言えない
[2]：どちらかというと反対の方だ
[1]：完璧反対だと思う
のいずれであるか判断して，1〜5の整数を問題の右どなりの回答欄へ記して下さい。

《質　問》
(R)　1．頼られると断れない。おだてられるとのっちゃうよ！
(R)　2．つい幹事を引きうける。みんなの代表☆
(R)　3．人をよく助ける。拾ったものは必ず交番☆
(N)　4．勉強はいつも下の方。親に見せてないテストもあったりして…
(N)　5．個人より共同作業が好き。レポートは共同が一番！
(N)　6．部屋が散らかっている。ゴキブリ好みの部屋です☆
(U)　7．強いものには逆らわない。郷に入れば郷に従う。
(U)　8．こつこつやることはやる。
(U)　9．自分は卑怯者だ。ちゃっかりしてるよ〜☆
(G) 10．自分が一番いい。話題の中心は自分じゃなきゃ！

> (G) 11. 自分の思い通りにならないと嫌。パソコンが壊れたらパソコンのせいだよ!!
> (G) 12. 強がっているが甘えん坊。あの人の前では…
> (I) 13. お風呂が好き。家で一番好きな場所はお風呂でしょ!
> (I) 14. きれい好き。部屋はきれいにしてからお出かけ!
> (I) 15. 自分はみんなにかわいがられている。
> (K) 16. 自分は頭が堅い。将来は頑固になりそう。
> (K) 17. 信号無視はしない。赤信号は,みんなで渡っても危ないよ!
> (K) 18. 学級委員はよくやった。いつも制服には委員バッチ☆

どうです。面白いでしょ? 実はここまで到達したのが学期末だったので,休み中に非常勤でパソコンを教えに行ったある看護学校の学生さんたちに,このあとは被験者として協力してもらいました。看護学校の学生さんですからサンプルには「しずかさん度」が強いという偏りがあるかもしれませんね。その結果は第5章に譲って,ここでは質問に対する大勢の人の返事のパターンからどうやって質問の類似性を考えるか。人数を少なくした単純なデータで見ておきます。

3 平均と標準偏差

⊙テストの性質を表わす

70点とはいい成績でしょうか。もちろん100点満点で考えて

下さい。平均点が何点かによってちょっと違ってきますね。平均が85点なら悪めの点だし，平均が50点なら良好というべきでしょう。

　じゃあ，平均点が60点だとしましょう。平均よりも高いことは確かですが，70点の人は1番のこともあれば，ちょうど真ん中あたりのこともあります。例えば，第1の場合はひとりが50点，そして，70点，そして他の受験者が60点のとき。第2の場合は，半分が80点，他の半分が40点の場合です。要するに，平均点のまわりに得点が密集しているか，ばらばらにバターナイフで延ばしたような分布をしているのかなどによって違います。

　そこで，散らばりかたを表わすための数値としていろいろなものが提案されてきました。このうちのひとつに，「標準偏差」があります。

❻統計をとる実習

　テストのあとで，「統計をとる」ときがあります。何点を何人取ったのかを数えるのです。エンマ帳で，誰が何点取ったかを知ることができます。統計をとると，「誰が」という情報が消えますが，その代わりに見えてくる情報があります。**表1-1**に，6人の架空の少女と，そのお父さん，そして彼氏の身長のデータを示します。

表1-1　少女の身長と，お父さん，彼氏の身長

名前	少女	お父さん	彼氏
えつこ	157	180	180
かおり	157	180	182
くみ	157	179	180
めぐみ	163	182	182
まゆみ	154	180	176
ゆかり	154	179	180

表1-2　少女の身長の統計をとる

7人										
6人										
5人										
4人										
3人				く						
2人	ゆ			か						
1人	ま			え						め
少女の身長	154	155	156	157	158	159	160	161	162	163

表1-3　少女の父親の統計をとるための用紙

7人										
6人										
5人										
4人										
3人										
2人										
1人										
父親の身長	176	177	178	179	180	181	182	183	184	185

人数も全体で6人と少ないし，データである身長の幅もそれほどはないので，それぞれ1人，1点単位で，集計用紙のマス目を利用します。少女の名前の初めの一文字を対応するマス目に書き入れています。

　もし人数が多いときには，マス目の節約で，正の字の一画ずつを書いていくようにすれば，必要な高さは5分の1で済みますし，テストの成績のように0点から100点までありそうなときには，「0点以上，5点未満」などと5点の幅で一緒にすると表の幅が5分の1に節約できます。

表1-4　表1-3の記入したもの（父親の身長）

7人										
6人										
5人										
4人										
3人					ま					
2人				ゆ	か					
1人				く	え		め			
父親の身長	176	177	178	179	180	181	182	183	184	185

　同じように彼氏の身長の統計をとると，どちらも身長の平均は180cmですが，彼氏の方のばらつきが大きいことがわかります。

表1-5　彼氏の身長の統計をとる

	176	177	178	179	180	181	182	183	184	185
7人										
6人										
5人										
4人										
3人					ゆ					
2人					く		め			
1人	ま				え		か			
彼氏の身長	176	177	178	179	180	181	182	183	184	185

このようなばらつきかたを表わす統計量が「標準偏差」(SD)です。MS-Excelでは「=stdevp( )」というワークシート関数で，求めることができます。

	A	B	C	D	E	F
1						
2			少女	父	彼氏	
3		えつこ	157	180	180	
4		かおり	157	180	182	
5		くみ	157	179	180	
6		めぐみ	163	182	182	
7		まゆみ	154	180	176	
8		ゆかり	154	179	180	
9						
10		平均	157	180	180	
11		標準偏差	3	1	2	
12						

F17　fx =stdevp(E3:E8)

因子分析はまざりかたの分析

⓺テストの標準化

　テストの平均点と標準偏差がわからない限り，70点が良い成績かどうかわからない。では，テストの易しさや鋭敏さを同じようなものにしたときにどのような得点になるか。テストの標準化を考えましょう。

　平均が0，標準偏差が1となるように変換したものを「Zスコア（標準得点）」と呼ぶことがあります。0と1にするなんて数学者らしいと思いませんか？　それではテストの得点らしくないので，平均50点，標準偏差が10点になるようにしたものを偏差値と言います。

　どうしたら，こんな変換ができるかですって？　Zスコアを作るには，
(1) 元の点（「素点」と呼ぶことがあります）から平均点を引き，
(2) その結果を標準偏差で割ります。

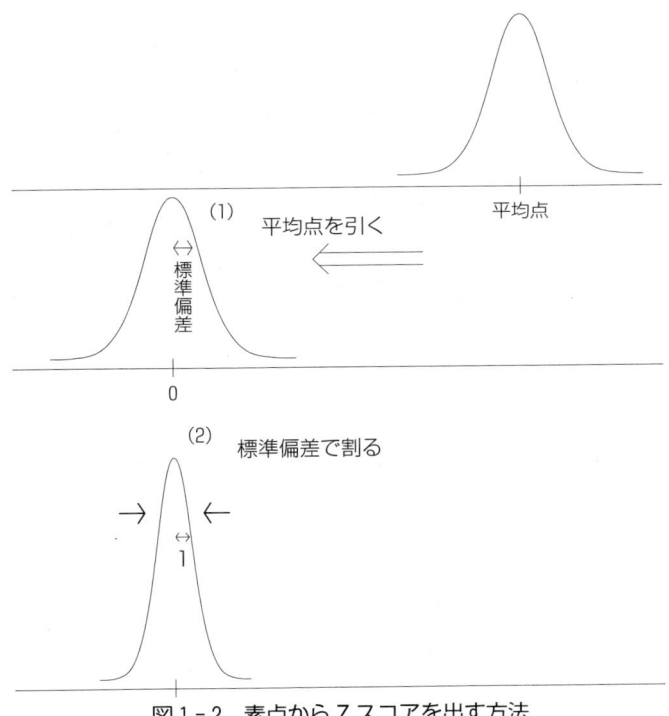

図1-2 素点からZスコアを出す方法

　データの数が多いときには,ガウス曲線と呼ばれる釣り鐘型の曲線の形になることが知られています（中心極限定理）が,上の操作は図1-2のような図形的意味があります。

　では,Zスコアから偏差値を作るには,
(1) Zスコアを10倍して,
(2) その結果に50を足す。

式で書くと，

$$(偏差値) = 10 \times (Zスコア) + 50$$

となります。(1)では横方向に y 軸を中心に 10 倍するので，標準偏差が 10 倍され，(2)で平均が 50 増える。つまり平均が 50 点になるわけです。

では，**表 1-6** に書き入れることによって Z スコアを出してみましょう。「偏差」の列は，(素データ) − (平均) をメモするための欄です。

実はこれは架空のデータをどうやって作ったのかの種明かしでもあります。普通はこんなに Z スコア全部が整数になるってことはないですが，計算が簡単になるようにあらかじめこのような Z スコアを設定しておいて，よくありそうな平均と，これまた計算が簡単そうな標準偏差とで作ったものです。

念のため Z スコアを (本人, 父, 彼氏) の形で上から書いておきます。Z スコアの計算結果：
$(0, 0, 0)$, $(0, 0, +1)$, $(0, -1, 0)$, $(+2, +2, +1)$, $(-1, 0, -2)$, $(-1, -1, 0)$

表1-6 Zスコアを求めるための計算スペース

	少女の身長			お父さんの身長			彼氏の身長		
	素データ	偏差	Zスコア	素データ	偏差	Zスコア	素データ	偏差	Zスコア
えつこ	157			180			180		
かおり	157			180			182		
くみ	157			179			180		
めぐみ	163			182			182		
まゆみ	154			180			176		
ゆかり	154			179			180		
平均	157			180			180		
標準偏差	3			1			2		

　なにも，Zスコアなど求めなくても，身長の相場を知っていますから高いか低いか判断できます。でも，これが国語や英語などの200点満点のテストの成績なら「相場」がわからないので，Zスコアを計算しないと感じがつかみにくいというわけです。

❺一次関数による変化

　あるジーンズ・ショップに協力してもらって，そこの利用者のウエストが何センチくらいか，平均と標準偏差を求めることになったとしましょう。データは次の表にまとめられています。

表1-7 ジーンズの売り上げ

サイズ	20	21	22	23	24	25	26	27
本数	2	2	3	5	3	2	2	1

さて、平均と標準偏差は？ なお、サイズの単位はインチで、1インチは約 2.5cm です。

サイズの欄は 20 台の整数ですから、平均を考えるには 20 に比べてどれだけ大きいかを考えます。

本数分だけデータを繰り返せば、

　　　0, 0, 1, 1, 2, 2, 2, 3, 3, 3, 3, 3, 4, 4, 4, 5, 5, 6, 6, 7　［インチ］

となります。これの平均とか標準偏差とかを求めることで、利用者のウエストが何センチかを考えてみましょう。

計算の仕方は前に述べたので繰り返しませんが、平均が、3.20 インチ、標準偏差は、1.91 インチです。

この「20 インチを引いたデータ」の平均が 3.20 インチなので、本当の平均はこれに 20 インチを足して、23.20 インチとなります。1 インチ = 2.5 センチでしたから、

$$23.20\,[インチ] = 23.20 \times 1\,[インチ]$$
$$= 23.20 \times 2.5\,[センチ]$$
$$= 58.00\,[センチ]$$

となります。ですから、3.20 インチというデータから、単純に、

$$(3.20 + 20.00) \times 2.5 \ = 58$$

と計算すればよかったのです。

しかし、標準偏差はどうでしょう。かなり前になってしまいますが、図 1-2 を見てみましょう。横軸を 2.5 倍すると平均の位置も、グラフの形も変わるので 2.5 倍になりました。平均も標準偏差もインチからセンチへの換算をすればよいのです。

でも 20 インチを足すという操作は、グラフの形を変えないで、右に移動させるというもの。平均は 20 インチだけ増えますが、グラフの形は変わらない。だから平行移動しても散らばりかた、つまり標準偏差に変化はなく、インチからセンチへの換算だけで済みます。

❺ 娘から父を予測する

娘の身長を聞いて、その父親の身長を予測することができるでしょうか。前に使った 6 人の架空の少女のデータで、娘の身長を聞いて、その身長をそのまま父親の身長として答えるのはどうでしょう。これはさすがに無謀です。少なくとも娘と同じ身長の父親はいなかったのですから。むしろ、娘の身長が何であっても父親の身長の平均を答えておいた方が当たるかもしれません。これを「甲案」にしましょう。

表 1-8 6 人の少女と父親の身長

	えつこ	かおり	くみ	めぐみ	まゆみ	ゆかり
本人	157	157	157	163	154	154
父親	180	180	179	182	180	179

娘の身長のデータをかなり尊重する。娘の背の高さは、父親の背の高さが原因という立場に立つと、娘の Z スコアを父親の Z スコアとして答えるのはどうでしょう。こちらが「乙案」です。どっちが妥当か、例の 6 人の少女のデータで考えてみま

す。Zスコアに直した結果は，次のようになっていました。

表1-9　6人の少女とZスコア

	えつこ	かおり	くみ	めぐみ	まゆみ	ゆかり
本人	0	0	0	2	−1	−1
父親	0	0	−1	2	0	−1

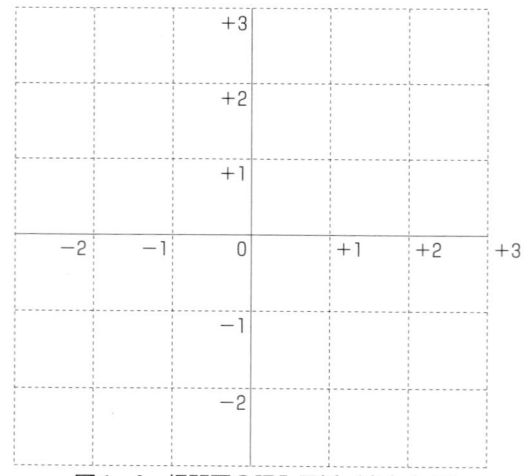

図1-3　相関図の記入用紙（少女と父）

　これを，本人のZスコアを横軸に，父親のを縦軸にして少女の名前の初めの1字を記入してみましょう。6人ですから字を入れましたが，普通は点を打ったり，座標平面をしきって，そのしきりの中に入った人数を記したりします。前者が「相関図」，後者は「相関表」と呼ばれています。

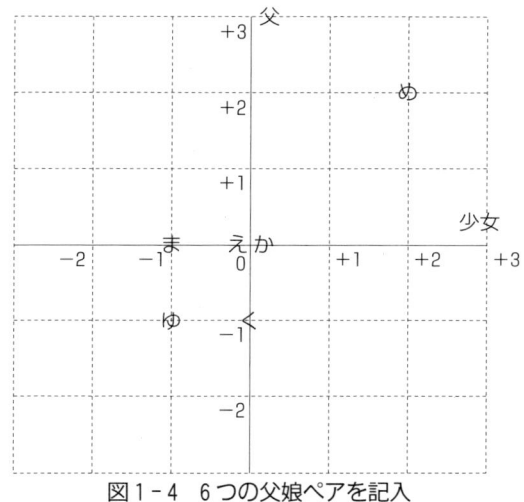

図1-4　6つの父娘ペアを記入

《甲案》：娘の身長が何であっても父親の身長の平均を答える
は，「えか」を通る水平な直線上の y 座標を答えること
《乙案》：娘のZスコアを父親のZスコアとして答える
は，「えか」と「め」「ゆ」という3点を通る直線上の y 座標を
答えることとも言えますね。

　ここでは，娘の身長のZスコアを x，その父親の身長のZ
スコアを y としています。観測された何組かのデータのペアを
このように x-y 座標に打点して，なるべくそれらのペアを表
わす点の近くを通るように引いた直線のことを「回帰直線」
と言います。

甲案の直線は，「え」，「か」，「ま」の3点。乙案の直線は，「え」，「か」，「め」，「ゆ」の4点を通っています。その点では乙案の方が妥当なように思えます。でも，上の2つだけが引きかたではないのです。通らなくとも近い引きかたがあるはずです。直線の方程式は，$y=ax+b$ でしたが，a, b の値を適切に決めてうまく予想できるようにしましょう。

　それには，グラフが表わしている予想値と本当の値とがどれだけ誤差があるかを考えます。誤差をある基準でなるべく小さくなるように，a, b の値を決めるのです。その基準として，「それぞれのデータに関して誤差の自乗の和が最小になる」が採用されています。この方法を手短に「最小自乗法」と言います。二次関数の最小を使えば証明できます。やや面倒ですが結果は簡単です。

　　　a は，それぞれのデータの組のZスコアの積の平均
　　　b は，0とする

　回帰直線は2つのZスコアを座標平面に表わしたときに，傾きがそれぞれのデータのZスコアの積の平均で，原点を通る直線です。

　なお，この「Zスコアの積の平均」のことを「相関係数」と呼ぶことがあります。2つの変量（ここでは，「少女の身長」と「そのお父さんの身長」）の間の関連がどれくらい強いかを数値化したものと意味付けることができるからです。

ⓐ相関係数を求める

では,架空の6人の少女たちのデータを使って,相関係数を求めてみましょう。

表1-10 少女の身長と父親の身長の相関係数を求める

名前	少女の身長		Zスコアの積	父の身長	
	素データ	Zスコア		Zスコア	素データ
えつこ	157	0		0	180
かおり	157	0		0	180
くみ	157	0		−1	179
めぐみ	163	+2		+2	182
まゆみ	154	−1		0	180
ゆかり	154	−1		−1	179
平均	157		積の合計	人数↓	180
標準偏差	3		相関係数		1

この表の空欄を埋めた結果は,次の見開きにお示しします。でも開く前に空欄を埋めてみましょう。ご自分で面倒でも埋めてみると,眺めるだけよりも,「Zスコアの積」の意味がなんとなくわかると思いますよ。

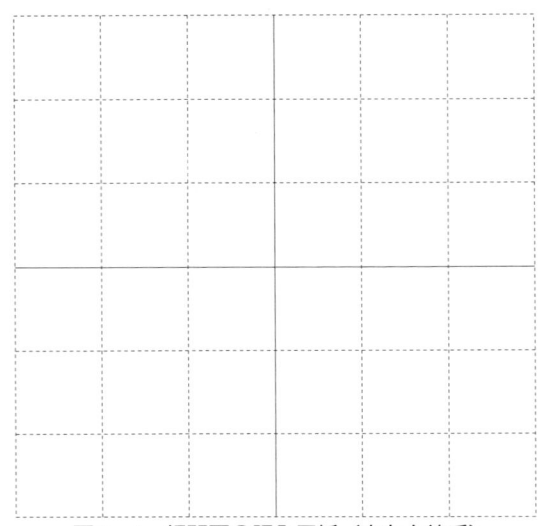

図1-5 相関図の記入用紙（少女と彼氏）

　比較のために，（少女の身長，その彼氏の身長）の相関図も書いておきましょう。データは右のページにあります。

　Zスコアの積が正なのは，めぐみさんのペアと，ゆかりさんのペアです。めぐみさんは，自分自身も，お父さんも背が高いので，「少女と父親との身長は関連がある」という仮説の実証に寄与しています。ゆかりさんも，娘がやや背が低くお父さんもやや背が低いのですから，仮説を支持するデータとなっています。逆に娘が正でお父さんが負だと，仮説の反証のひとつになりかねませんが，そんなときは積が負なのですね。

表1-11 少女と父親の相関係数を求めた結果

名前	少女の身長		Zスコアの積	父の身長	
	素データ	Zスコア		Zスコア	素データ
えつこ	157	0	0	0	180
かおり	157	0	0	0	180
くみ	157	0	0	−1	179
めぐみ	163	+2	+4	+2	182
まゆみ	154	−1	0	0	180
ゆかり	154	−1	+1	−1	179
平均	157	積の合計	5	人数↓	180
標準偏差	3	相関係数	0.83	6	1

表1-12 少女と彼氏の相関係数を求める用紙

名前	少女の身長		Zスコアの積	彼氏の身長	
	素データ	Zスコア		Zスコア	素データ
えつこ	157	0		0	180
かおり	157	0		+1	182
くみ	157	0		0	180
めぐみ	163	+2		+1	182
まゆみ	154	−1		−2	176
ゆかり	154	−1		0	180
平均	157	積の合計		人数↓	180
標準偏差	3	相関係数		6	2

相関係数は，Zスコアの積の合計が5，人数が6人ですから，5÷6＝0.83…になりました。え，何うなずいてらっしゃるのですか？ やっぱり遺伝情報は存在するですって？ いやいや，

ここで2時間ドラマの最後のようなセリフを言わないとなりません。「このストーリーはフィクションであり，実在の団体や人物などと一切関係はありません」もともとこの6人の少女は架空の存在です。念のため。

　でも，練習なさろうとされる方のために，少女と彼氏の身長の相関係数を計算する用紙を**表1-12**として作りました。どうぞご利用下さい。今度の相関係数は，4÷6で，約0.67になるはずです。めぐみちゃんのお父さんのZスコアが+2だったのに対して，彼氏のが+1だったこともあって，やや低めの値でした。**図1-3**と**図1-5**のそれぞれに，原点を通ってそれぞれの相関係数が傾きとなっている直線を書き入れてみましょう。

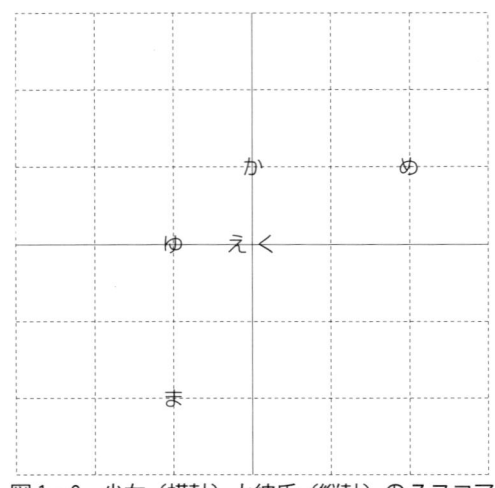

図1-6　少女（横軸）と彼氏（縦軸）のZスコア

4 相関係数と因子負荷量

 2 では、『ドラえもん』の登場人物が言いそうなセリフを元に、被験者の性格を調べようとする質問紙の試作の話をしました。そして、 3 では多くの被験者の反応パターンを元に、「娘の身長」と「父親の身長」のような2つの量の関連の強さを表わす相関係数の話をしました。それは、 1 の「たくさんの種類の量を、基本的なより少ない種類の量の合成として表わしてしまうことが因子分析」を行なうための方法を明らかにするためだったのです。

つまり、コーヒーを u、牛乳を v、砂糖を w として表わすと、宇宙人にとってみれば、「カフェオレ」(P1)、「牛乳屋さんのコーヒー」(P2)、「ブラックコーヒー」(P3)、「普通のコーヒー牛乳」(P4) について

$P1 = 0.5u + 0.5v + 0.0w$

$P2 = 0.4u + 0.4v + 0.2w$

$P3 = 1.0u + 0.0v + 0.0w$

$P4 = 0.4u + 0.3v + 0.3w$

のような配合比を知っておけば、P1～P4 の4種類を荷物に詰めないでも、u, v, w の3種類を持ち帰るだけで済みます。また、カロリーでも、材料の価格でも、3種類のデータが得られれば、4種類の商品についてのデータを揃えることができます。そして何よりもそれぞれの商品の素性を知ることができるとい

う長所があります(もっとも上のデータはフィクションですが)。

　上のたとえで述べた「配合比」のようなもの，つまり u, v, w の係数を「因子負荷量」と呼んでいます。この因子負荷量は，「P1～P4 の相関係数がうまく説明できるようにする」ように定められます。「線型代数の固有値問題」という必ずしも全ての人がフムフムとは言わない特殊な理論の応用なのですが，計算自体は SPSS などの統計ソフトを用いればパソコンでも行なうことができます。統計ソフトはかつては，10 万円以上の値段でしたが，今では「Stat Partner」のアカデミー版は 2 万円程度なので，卒業研究をする大学生なら手の届く程度のものとなっています。

COLUMN

標準偏差の求めかた

　標準偏差は，エクセルの関数を使えば求めることができるのですが，それではわかった気がしないって人，つまりどんな意味かを知るために，求めかたを知っておきたいという人のためのコラムです。そうでない方はここを読み飛ばして下さいね。では，本文中に登場した6人の少女のデータを再登場させましょう。

A列	B列	C列	D列
名前	データ	平均との差	C列の2乗
えつこ	157	0	0
かおり	157	0	0
くみ	157	0	0
めぐみ	163	+6	36
まゆみ	154	−3	9
ゆかり	154	−3	9
合計（6名）	942	0	54
平均	157	0	9

　まずB列の6人のデータの平均を求めます。C列には，
　　　（B列のデータ）−（平均）
を書き入れます。どれだけ平均から離れているかですね。D列はC列を自乗（2乗）したものです。どうして自乗するかというとC列のままでは，合計しても平均しても0になるだけで，6人が平均からどれだけ散らばっているかの参考にはならないからです。D列の平均は9と出ました。平均との差を自乗したものです。6人それぞれの「平均との差」の代表値にするなら，自乗し

たのを元に戻す意味で，平方根（ルート）を考えましょう。9の
ルートは3ですね。

　こうやって出したのが，「少女の身長の標準偏差は，3cm」と
いう結論でした。

　D列へ，「C列の自乗」を書きました。約束事を決めるなら，「C
列の絶対値」でもいいじゃないかというご意見もあろうかと思い
ます。実はそうして出す「平均偏差」という統計量もあります。
でも，標準偏差の方がよく使われます。大雑把にその理由を書く
と，「括弧がはずしやすい」のです。

　例えば3つのデータ 63, 54, 54 の標準偏差は，平均が57ですか
ら，

$$\{(63-57)^2+(54-57)^2+(54-57)^2\}\div 3 \quad \text{の平方根}$$

です。ちょっと複雑な式計算をすれば，

$$(63^2+54^2+54^2)\div 3-57^2 \quad \text{の平方根}$$

と変形できます。これは「分散公式」と呼ばれます。下の式の方
が標本数の多い統計の現場でずっと使いやすいのです。絶対値で
はこれができませんね。

第 2 章
平均の意味

❶ 合併しても足されないもの

❺ 30度のお湯と80度のお湯を足す

　30gの砂糖と，80gの小麦粉を足すと，110gのケーキの材料ができます。でも，30度のぬるま湯と80度のお湯とを足しても，110度にはなってくれません。

　どうしてでしょうね。ちょっとやさしい濃度で説明しましょう。80％のジュースと30％のジュースを足しても110％にはなりません。じゃあ何％になるでしょう。どちらのジュースが多いかによって違ってきます。例えば，30％が200g，80％が300gだとしましょう。こんなとき，情報の数がやたらと多くなりがちですから，表に整理しましょう。

表2-1　2つのジュースに関する3つの量

種類	濃度	分量	有効成分
A	30%	200g	
B	80%	300g	
混合後			

　空欄を含めて9つの量を考えています。こんなに登場人物が

出てくると関係がつかみにくいのですが，3×3の表の形に整理すると見通しが出てきます。

　有効成分というのは，ジュースの成分が100%のジュースにしてどれくらい入っているかのことです。200gの30%（=0.3）ですから，200g×0.3＝60gが有効成分ですね。もし，エイッと魔法をかけて有効成分を沈殿させることができたとすると，こんな感じになるでしょう。

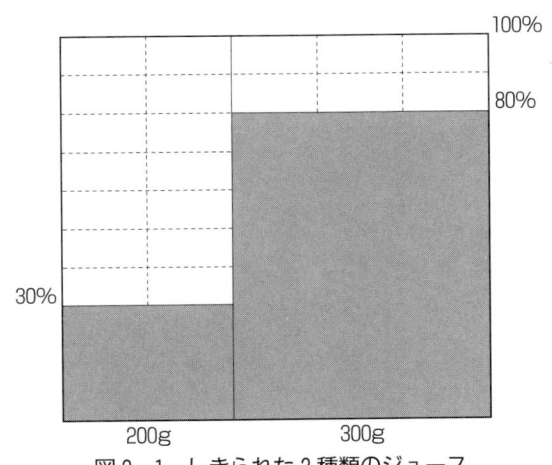

図2-1　しきられた2種類のジュース

表2-2　有効成分を書き入れる

種類	濃度	分量	有効成分
A	30%	200g	60g
B	80%	300g	240g
混合後		500g	300g

そこで，有効成分の欄を埋めましょう。そして，ジュース全体の分量と，有効成分全体も埋めることができますね。そして，「混合後」の行の横の関係を考えると，

$$（有効成分）=（分量）×（濃度）$$

ですから，濃度は，300g÷500g＝0.60，つまり60％ですね。ちなみに同じ200g，300gのお湯の温度も途中で冷めたりしなければ，60℃になります。

 さて，この表には3つの量が記されていました。濃度，分量，有効成分です。でも「混合後」の量として足し合わせることができたのは，あとの2つだけで，濃度は足し合わせたものではないのです。

表2-3 足せる行と足せない行

種類	濃度	分量	有効成分
A	30%	200g	60g
		＋	＋
B	80%	300g	240g
		＝	＝
混合後	60%	500g	300g

 このように，2つのものを合併したときに，足し算になる量と，足し算にはならない量として，量に2通りを考えることができます。

1. 合併による量が加法で表わせるもの

体積，面積，長さ，質量，時間，…

ものの存在の大きさを表わす量で，「外延量」と呼ばれます。

2. 合併によって量が加法にはならないもの

人口密度，濃度，密度，速度，温度，確率，…

その場所の強さを表わす量で，「内包量」と呼ばれます。

では，内包量は合併によって，加法にならないとしても，何になるのでしょうか。上のジュースの問題を，次のように解いた人がいます。

(1) 重さを無視できる天秤の棒の左端を0％，右端を100％と目盛りを付ける。

(2) ジュースの濃度を表わす場所に，ジュースの分量に応じたおもりを付ける。

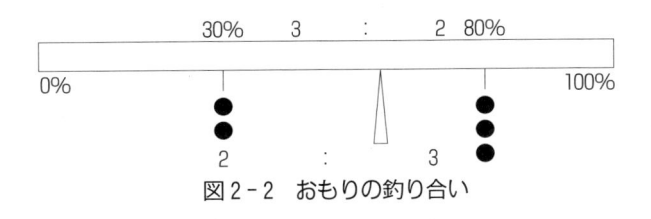

図2-2　おもりの釣り合い

(3) そして，釣り合う位置を考えます。おもりの重さの比が，2：3なので，釣り合いの位置からの距離の比は3：2，おもりの重さの逆比になります。30％から80％までは，50％の差がありますが，これを3：2に分けると，30％と20％。ですから

釣り合うところは，30％＋30％（もしくは，80％－20％）の60％のところだというのです。

　あまり面倒な計算をしないで，あっけなく解けてしまうので，だまされた感じがしますよね。たまたま一致しただけなんじゃないかと。では，もう一度，しきられたジュースの図に戻りましょう。

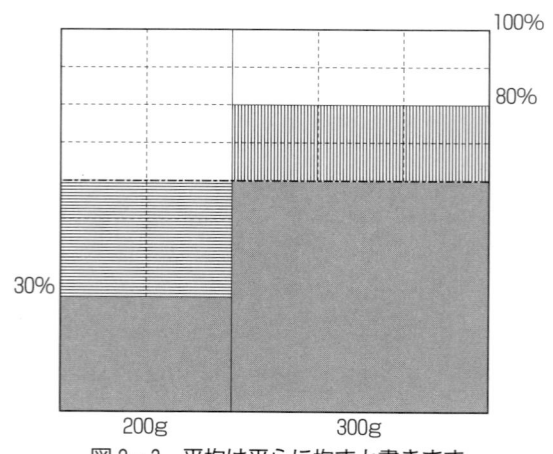

図2-3　平均は平らに均すと書きます

　2種類のジュースの間のしきりをとって，混ぜ合わされたあとの濃度を一点鎖線（-・-・-・-）で表示してみました。混ぜ合わせるとか，80％の濃い部分と30％の薄い部分とを均(なら)して同じ濃度にすることです。上の図で言えば縦縞の出っ張っている部分を削って，横縞のへこんでいる部分に埋め合わせると平らに

なったのでした。

　ということは，縦縞の部分の面積と，横縞の部分の面積とが同じです。それぞれの面積の横は，「ジュースの分量」，縦は「濃度（の差）」を表わしていますから，「面積が同じ」ことを式で書くと，

$$(60\% - 30\%) \times 200g = (80\% - 60\%) \times 300g$$

です。この式を頭に置きながら，**図2-2**を見直してみて下さい。左辺は天秤の棒を左回りにさせようとする効果（モーメント）で，右辺が右回りにさせようとするモーメントです。この（支点からの距離）×（おもりの重さ）として表わされる「モーメント」が等しいので釣り合っているのです。現象は違っていても，同じ式で表わされるのですから，答えが同じになるわけですね。

　30％と80％の平均は，$(30\% + 80\%) \div 2 = 55\%$　ですが，この場合は，30％を2人分，80％を3人分とみなして，5人の平均をとりました。それだけ，80％の方に比重をかけて評価したことになります。このような平均を，加重平均と呼びます。

| 2つのものの合併によって，その合併後の内包量は，合併前の内包量の加重平均になる。 |

平均の意味

❻ クラスの身長の平均

まず,問題です。

> 35人のクラスで,男子の平均身長は,156.1cm,女子の平均身長は,145.6cm,全体の平均身長は,151.6cmだった。このクラスの男子の人数は何人だろうか。

この問題に出てくる情報を,表にして整理しましょう。表2-4がそれです。

$$(身長の合計) = (身長の平均) \times (人数)$$

ですから,表の横の関係で埋められるところは埋めました。

表2-4 クラスの身長の平均

	身長の平均	人数	身長の合計
男子	156.1cm		
女子	145.6cm		
合計	151.6cm	35人	151.6×35cm

でも,151.6×35の計算をしていないのには,ちょっとわけがあります。

表2-5 あとひとつの空欄

	身長の平均	人数	身長の合計
男子	156.1cm	x 人	$156.1x$ cm
女子	145.6cm	$(35-x)$ 人	
合計	151.6cm	35人	151.6×35cm

このままでは,先に進みそうにないので,求める量である「男

子の人数」を x 人としてみましょう。すると，人数の列の縦の関係，男子の行の横の関係を使って，2つの欄が埋まります。

あとひとつの空欄も，女子の行の横の関係を使って，

$$145.6 \times (35-x) \text{ cm}$$

と埋められます。そこで，身長の合計の列の縦の関係を使って，方程式を立てることができます。

$$156.1x + 145.6(35-x) = 151.6 \times 35$$

35 と x とが2ヵ所にでていますから，これらをまとめるつもりで整理すると，

$$(156.1 - 145.6)x = (151.6 - 145.6) \times 35$$

x について解くと，

$$x = \frac{151.6 - 145.6}{156.1 - 145.6} \times 35$$

$$x = \frac{6}{10.5} \times 35$$

$$x = \frac{60}{105} \times 35$$

約分をして，60／3 で，$x = 20$（人）が答えです。

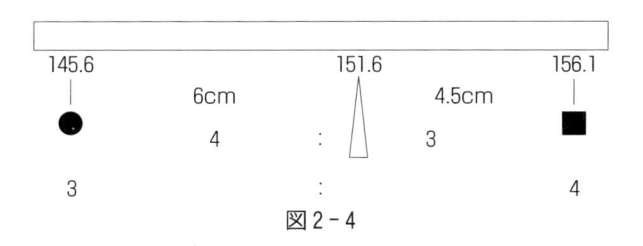

図2-4

平均の意味

ただ，せっかく天秤を使った方法を説明したので使ってみましょう。

支点からの腕の長さの比が，女子(●)：男子(■)＝4：3なので，おもりの重さ，つまり人数の比は，その逆比の，3：4。35人をこの比に分けると，
$$35 \div (3+4) \times 4 = 20$$
で20人とわかります。

151.6cmなどと4桁の計算をするのは，ゾッとしますが，平均との差どうしの比を考えると，6cmと4.5cmですから，4：3という簡単な比になる。これが狙い目の問題でした。

電卓にしてもパソコンにしてもデータの打ち間違えがありえます。ときには，こうやって平均の釣り合いで，だいたい合ってそうな値かどうか，試してみてはいかがでしょう。

◉2つの集団のデータを足す

ここ以降では，シグマ記号を使います，もし不慣れな方は第6章の**1**を先に読むか第3章まで飛んでもいいでしょう。

ある高校のある学年はA組・B組の2組しかなく，それも人数がアンバランスです。それぞれの担任が実力試験の成績を集計することにしましたが，それぞれ集計の仕方がまちまちで，持ち寄った結果には空欄がいくつかありました。さて，学年の成績の集計はできるでしょうか。

表2-6　2組の集計を合わせる

	人数	数学（変量 X）				英語（変量 Y）			
		Σx	平均	Σx^2	SD	Σy	平均	Σy^2	SD
A組	30	2400			15.0		90.0		5.0
B組	20		85.0		10.0		60.0		20.0
学年									

もちろんできます。でもそのときに，加法になる列かどうか，平均が加重平均になっているかどうかをチェックしましょう。

(1) (平均)×(人数) = Σx　あるいは　Σy

(2) 人数，Σx（数学の点の合計），Σy（英語の点の合計）の列は縦に足せる

以上の2つを利用すると，表2-7のように補うことができます。

表2-7　平均に関する情報を補う

	人数	数学（変量 X）				英語（変量 Y）			
		Σx	平均	Σx^2	SD	Σy	平均	Σy^2	SD
A組	30	2400	80.0		15.0	2700	90.0		5.0
B組	20	1700	85.0		10.0	1200	60.0		20.0
学年	50	4100				3900			

(3) 学年の行で，ふたたび

$$(平均)\times(人数) = \Sigma x \quad あるいは \quad \Sigma y$$

を用いる。

平均の意味

表2-8 2つの集計結果を1つにまとめる

	人数	数学（変量 X）				英語（変量 Y）			
		Σx	平均	Σx^2	SD	Σy	平均	Σy^2	SD
A組	30	2400	80.0	198750	15.0	2700	90.0	243750	5.0
B組	20	1700	85.0	146500	10.0	1200	60.0	80000	20.0
学年	50	4100	82.0	345250	13.5	3900	78.0	323750	19.8

(4) $s^2 = \dfrac{1}{n}\sum_{k=1}^{n} x_k^2 - m_x^2$　つまり，前章のコラムの分散公式「自乗の平均から，平均の自乗を引く」を用いる。

例えば，A組の数学の自乗の和は，

$$\sum_{k=1}^{n} x_k^2 = n(s^2 + m_x^2) = 30(15^2 + 80^2) = 198750$$

などから，表2-8の結果を得ます。

2 データの合併と相関係数

さて，次に何をしましょう。

　　第1章の**3**の前半で，平均と標準偏差を，

　　第1章の**3**の後半で，相関係数を，

　　第2章の**1**で，平均と標準偏差をデータの合併で求めることを扱いました。そうです，ここでは，相関係数を2つのデータを合併して求めてみましょう。

❺共分散公式

まず、データですね。**表2-8**を使いましょう。でもこれだけでは、相関係数を求めることはできません。相関係数は、

　　2つの変量のZスコアの積の平均でした

例えば、数学を変量Xとして、英語を変量Yとしましょう。出席番号iの生徒の数学の成績をX_i、そのZスコアをx_i、そして英語の成績をY_i、そのZスコアをy_iとしましょう。また平均・標準偏差を、

	数学	英語
平均	m_X	m_Y
標準偏差（SD）	s_X	s_Y

とおくと、

$$x_i = \frac{X_i - m_X}{s_X}, \qquad y_i = \frac{Y_i - m_Y}{s_Y}$$

という関係があります。Zスコアどうしの積の平均、即ち相関係数ρは、

$$\rho = \frac{1}{n} \sum_{i=1}^{n} \left(\frac{X_i - m_X}{s_X} \cdot \frac{Y_i - m_Y}{s_Y} \right)$$

と表わすことができます。この右辺のΣ、計算の実感がわきにくいので、出席番号1番のZスコアの積と、出席番号2番のZスコアの積と、…という具合に最後の生徒の出席番号n番のZスコアの積まで足し合わせると正直に書き並べます。

平均の意味

$$\frac{1}{n}\left\{\frac{(X_1-m_X)(Y_1-m_Y)}{s_X s_Y}+\frac{(X_2-m_X)(Y_2-m_Y)}{s_X s_Y}+\cdots\right.$$
$$\left.+\frac{(X_n-m_X)(Y_n-m_Y)}{s_X s_Y}\right\}$$

分母が同じなのでまとめましょう。

$$\frac{1}{n s_X s_Y}\{(X_1-m_X)(Y_1-m_Y)+(X_2-m_X)(Y_2-m_Y)+\cdots\}$$

さて，中括弧 { } の中身ですが，小括弧 ( ) を外すと，
$$(X_1 Y_1 - m_X Y_1 - m_Y X_1 + m_X m_Y)$$
$$+(X_2 Y_2 - m_X Y_2 - m_Y X_2 + m_X m_Y)$$
$$+\cdots$$
$$+(X_n Y_n - m_X Y_n - m_Y X_n + m_X m_Y)$$

これらを縦方向に足し合わせると，

$$\rho = \frac{1}{n s_X s_Y}\left\{\sum_{i=1}^{n} X_i Y_i - \sum_{i=1}^{n} m_X Y_i - \sum_{i=1}^{n} m_Y X_i + \sum_{i=1}^{n} m_X m_Y\right\}$$

そして，出席番号によらない量 c は，$\sum_{i=1}^{n} c X_i = c \sum_{i=1}^{n} X_i$ と Σ の外に出すことができます。4番目の項は全部出ちゃうので隠れていた係数1のみが残ります。

$$\rho = \frac{1}{n s_X s_Y}\left\{\sum_{i=1}^{n} X_i Y_i - m_X \sum_{i=1}^{n} Y_i - m_Y \sum_{i=1}^{n} X_i + m_X m_Y \sum_{i=1}^{n} 1\right\}$$

1を人数分足すと人数 n になります。全部の X とか Y とかを足すとその変量の合計になります。（合計）=（平均）×（人数）ですから，

$$s_X s_Y \rho = \frac{\sum_{i=1}^{n} X_i Y_i}{n} - m_X \frac{m_Y n}{n} - m_Y \frac{m_X n}{n} + m_X m_Y \frac{n}{n}$$

といろいろと約分することができることがわかります。$m_X m_Y$ が正1ヵ所，負2ヵ所あるので，結局，

$$s_X s_Y \rho = \frac{\sum_{i=1}^{n} X_i Y_i}{n} - m_X m_Y$$

右辺は，「(変量の積の平均) − (2つの変量の平均の積)」という形になっています。どこかで聞いたような響きですね。分散公式，「データの自乗の平均から，平均の自乗を引く」でした。それも，相関係数 ρ は単なる割合で単位を持ちませんから，X, Y の単位が cm ならば，cm^2 ／人と，分散の単位と同じになります。そこで，左辺の $s_X s_Y \rho$ のことを「(X と Y との)共分散」と呼び，

(共分散) = (変数の積の平均) − (2つの変量の平均の積)

という公式のことを「共分散公式」と呼んだりします。もっとも，このネーミングには，分散公式との連想から思い出しやすくなる程度の意味しかありませんけどね。ちなみに，標準偏差の自乗のことを「分散」と呼ぶことがあります。

表2-9 2つの変量の相関係数

	人数	数学（変量 X）				
		Σx	平均	Σx^2	SD	
A組	30	2400	80.0	198750	15.0	
B組	20	1700	85.0	146500	10.0	
学年	50	4100	82.0	345250	13.5	
	Σxy	英語（変量 Y）				相関係数
		Σy	平均	Σy^2	SD	
A組		2700	90.0	243750	5.0	0.30
B組	104000	1200	60.0	80000	20.0	
学年		3900	78.0	323750	19.8	

❻ 2つのデータを合併したときの相関係数

　さて，ではいよいよ2つのデータを合併したときの相関係数の求めかたの実習をしてみましょう。まず材料のデータです。ほとんど表2-8の再録ですが，Σxy の欄と，相関係数の欄とを作ってあります。そして，必要最小限のデータとして，A組での数学と英語の間の相関係数，B組での数学と英語の点数の積の合計を記してあります。空欄を計算で埋められるはずです…よね。

　まず，A組の Σxy の欄を埋めてみましょう。使う公式は，例の「共分散公式」，

　　（共分散）=（変数の積の平均）-（2つの変量の平均の積）

です。共分散とは，

　　　　　$(X の SD) \times (Y の SD) \times (相関係数)$

そして，(変数の積の平均) とは，

$$\frac{\sum_{i=1}^{(人数)} x_i y_i}{(人数)}$$

のことでしたから，それぞれのデータを表から読み取って，

$$15.0 \times 5.0 \times 0.30 = (\Sigma xy)/30 - 80.0 \times 90.0$$

未知数であることをはっきりさせるために，A = (Σxy) とでもおいて，A について解けば，

$$A = (15.0 \times 5.0 \times 0.30 + 80.0 \times 90.0) \times 30$$

ここまでわかったら表計算ソフトで続きの計算をして，216675 なる値が出てくるはずです。B 組の方は反対に相関係数を求めてみましょう。まず，共分散を求めます。表からデータを読み取って，

$$(共分散) = 104000/20 - 85.0 \times 60.0$$
$$= 100$$

(共分散) = (X の SD) × (Y の SD) × (相関係数) でしたから，求める相関係数を未知数らしく r と書けば，

$$100 = 10.0 \times 20.0 \times r$$

これを解けば，$r = 0.50$ を得ることができます。

そして，学年のデータに取り組みましょう。学年が，

$$(学年) = (A 組) + (B 組)$$

と表わせるのは，Σxy の方です。相関係数はそのようなわけにはいきません。ここまでの状態をまた表にしておきます。

表 2-10 学年での相関係数を求める

		数学（変量 X）			
	人数	Σx	平均	Σx²	SD
A 組	30	2400	80.0	198750	15.0
B 組	20	1700	85.0	146500	10.0
学年	50	4100	82.0	345250	13.5

		英語（変量 Y）				
	Σxy	Σy	平均	Σy²	SD	相関係数
A 組	216675	2700	90.0	243750	5.0	0.30
B 組	104000	1200	60.0	80000	20.0	0.50
学年	320675	3900	78.0	323750	19.8	

これは，先ほどの B 組の場合と同じように求めることになります。まず，共分散を求めます。

（共分散）=（変数の積の平均）-（2 つの変量の平均の積）

です。表からデータを読み取って，

$$（共分散）= 320675 / 50 - 82.0 \times 78.0$$
$$= 17.5$$

そして，これをそれぞれの標準偏差で割って，

$$（相関係数）= 17.5 \div (13.5 \times 19.8) = 0.065 \cdots$$

と求めることができます（四捨五入のやりかたの違いで値はややずれるかもしれません）。

図2-5 2つの組の分布

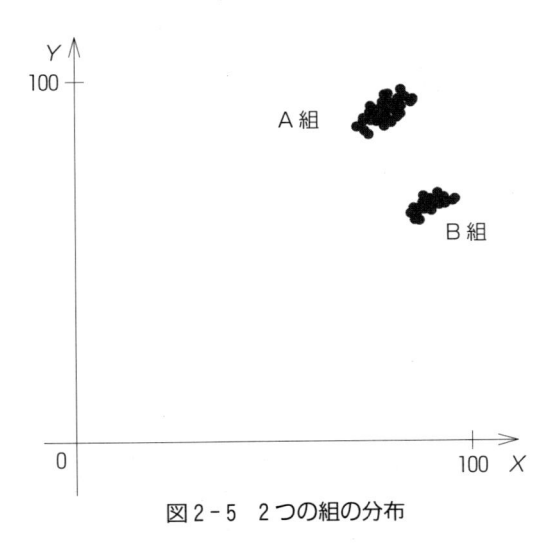

変量 X（数学）を横軸，変量 Y（英語）を縦軸にして図示をすると，図2-5のようになるでしょう。

それぞれの組の中では，正の相関があるけれども，2つの組を合わせた「学年」では少なくとも平均に関しては負の相関があるので，全体として相関が低くなったのだと思われます。

❻ Σ計算の練習

さて，これまで数学と英語の相関係数を求めてきましたが，これが実力試験とか模擬試験とかだと，合計点がつきそうですね。実はこれだけのデータがあれば，（数学）＋（英語）＝（合計点）の平均と標準偏差を計算することができるのです。平均を

m_{X+Y}, 標準偏差を s_{X+Y} と記すことにしましょう。

合計点の平均の方は，特に説明の必要もないでしょうか。それぞれの科目の平均点の合計です。一応，式で説明すると，

$$m_{X+Y} = \frac{1}{n}\sum_{i=1}^{n}(X_i+Y_i) = \frac{1}{n}\left\{\sum_{i=1}^{n}X_i + \sum_{i=1}^{n}Y_i\right\}$$

$$= \frac{1}{n}\sum_{i=1}^{n}X_i + \frac{1}{n}\sum_{i=1}^{n}Y_i = m_X + m_Y$$

ということになります。値は，82+78=160 点です。しかし，標準偏差の方は，自乗が出てくるのでやや複雑になります。

$$s_{X+Y}^2 = \frac{1}{n}\sum_{i=1}^{n}(X_i+Y_i)^2 - m_{X+Y}^2 = \frac{1}{n}\sum_{i=1}^{n}(X_i^2+2X_iY_i+Y_i^2) - m_{X+Y}^2$$

$$= \frac{1}{n}\left\{\sum_{i=1}^{n}X_i^2 + 2\sum_{i=1}^{n}X_iY_i + \sum_{i=1}^{n}Y_i^2\right\} - m_{X+Y}^2$$

これらのデータは全て表 2 - 10 に出ています。ちなみに代入してみると，

$$s_{X+Y}^2 = \frac{1}{50}\{345250 + 2\times 320675 + 323750\} - 160^2$$

この右辺は，607。これが求める「合計点の標準偏差」の自乗ですから，これの平方根が求めるもので，約 24.6 点であることがわかります。

このように具体的な値を出すこともできますが，実は次の等式も成り立ちます。

$$s_{X+Y}^2 = s_X^2 + s_Y^2 + 2s_Xs_Yr$$

ちなみに，先ほどの値を求めると，右辺は，607と先ほどの値と一致します。

　ここまでくると実用的な意味というより，Σ計算の練習としての意味が濃くなりますから，そろそろ飽きた方は読み飛ばして次の章に進んで下さい。

　証明は，右辺に「分散公式」と「共分散公式」とを使うと，

$$\text{右辺} = \frac{1}{n}\sum_{i=1}^{n} X_i^2 - m_X^2 + \frac{1}{n}\sum_{i=1}^{n} Y_i^2 - m_Y^2 + 2 \times \frac{1}{n}\sum_{i=1}^{n} X_i Y_i - 2m_X m_Y$$

$$= \frac{1}{n}\sum_{i=1}^{n} (X_i^2 + 2X_i Y_i + Y_i^2) - (m_X^2 + 2m_X m_Y + m_Y^2)$$

$$= \frac{1}{n}\sum_{i=1}^{n} (X_i + Y_i)^2 - (m_X + m_Y)^2$$

ところで，$m_X + m_Y = m_{X+Y}$ でしたから，

$$\text{右辺} = \frac{1}{n}\sum_{i=1}^{n} (X_i + Y_i)^2 - m_{X+Y}^2 = s_{X+Y}^2 = \text{左辺}$$

であることがわかります。

COLUMN

MS-Excel の統計に関するワークシート関数

次のようなワークシート関数がありますので、素データを入れてから、それを入れた場所を引数として指定して求めることができます。

	ワークシート関数	英語での名称
平均	=average( )	
標準偏差	=stdevp( )	Standard Deviation
相関係数	=correl(,)	A coefficient of correlation

第 3 章
推測統計と確率分布のモデル

第1章では，ある現象を記述する方法について述べました。この章では，データの一部を知って全体のデータの様子を推測したり，そのデータが全体の中でどのような位置を占めているかを判断する方法について記します。

1　3つの代表値

◉公務員の平均給与

　新興の住宅地に住んだことがあります。駅から歩いて25分くらいかかる元は田んぼだった土地を，業者さんが買い取って，同じようなちょっと小さめの家を十数戸立てたところです。東京の近郊のいろいろなところから引越してきたご近所さんと，道端で井戸端ならぬ道端会議で，奥さん外交が行なわれておりました。それで外交になるのかいなとびっくりしたのは，「ねえ，おたくの月収どれくらいかしら？」という質問。一般的には，このような話題は適さないのでしょうが，お互いに住宅ローンがこれから大変だという連帯意識があったのでしょう。意外と盛り上がったそうです。当時私立中学の教師をしてました。うちは本俸の額では，「へ〜え」と羨望の目で見られてましたが，「じゃあ，手取りは？」って話になると，「な〜んだぁ」と哀れみの目で見られたとか。

　教師には残業手当が付かないので本俸では，若干高めですが，手取りでは若干低めになっていました。同じような家に同

時に入居した同じような世帯同士の話です。

　一方，6月とか12月とか，公務員にボーナスが出ましたと，新聞やテレビのニュースが報じています。「国立大学法人」も含めて5年半だけですが，国家公務員をやったことがあります。40代で初めて公務員になったのですが，前歴もそれなりに評価されているのでそんなに低くはないと思っていました。でもニュースで報じられる公務員のボーナスの平均額を聞いて耳を疑いました。平均にかなり近かったのです。その原因は，分布の違いにあります。

　新興住宅街の場合，私も含めての話ということで失礼な言いかたを許していただければ，どんぐりの背比べ状態です。ところが公務員給与の方は，下が厚くて上が薄い分布になっています。だって考えてもみて下さい。3人の係員を1人の主任さんが，3人の主任を1人の係長さんが，3人の係長を1人の課長補佐が，3人の補佐を1人の課長が，3人の課長を1人の次長が…。いつまでやっても切りがないので，これくらいでやめますが，それぞれの月収が，20万，25万，30万…としたら，ピラミッドどころか，下にラッパのように膨れた分布になります。

図3-1　月収の分布モデル

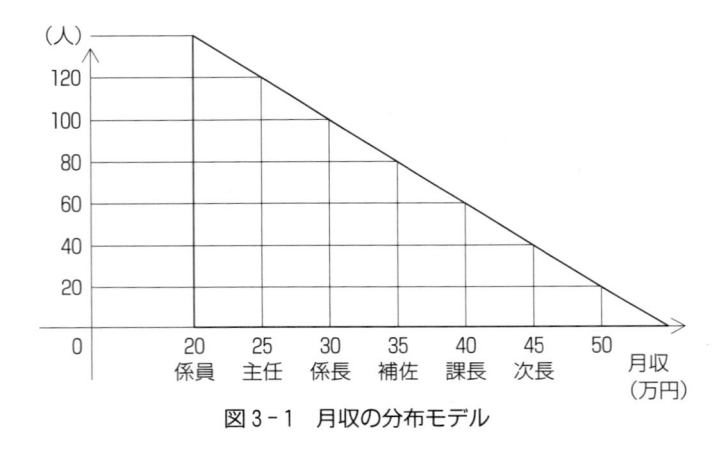

　公務員というと，学校を出てからすぐに就職して，定年まで勤めるというイメージがあります。でも，私がそうであったように，40代で私学から登用される教員もいれば，定年前に辞めてしまう事例もあります。また，失礼ながら分布ではありえる高給も全ての公務員が定年までにそこにたどりつくとは限らないのです。計算を簡単にするために，図3-1のような三角形の分布をしていたとしましょう。

図3-2 3つの代表値の違い

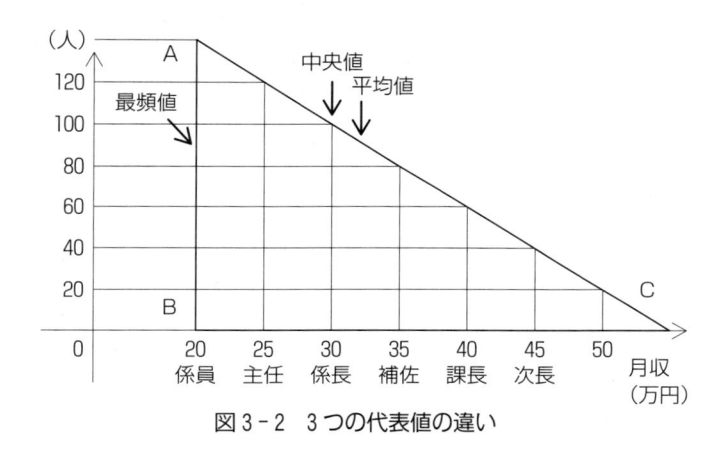

　平均値とは，第1章でお話ししたように，あるデータの代表値ですが，代表値は平均値だけではありません。

中央値（メディアン）：5人なら3位，9人なら5位と，順位が，ちょうど真ん中の人のデータ。人数が偶数。例えば10人のときは，真ん中に近い2人，つまり5位と6位の平均にします。原語の方が有名なので，訳語の方がいろいろです。「中位値」と呼ぶ人もいます。

最頻値（モード）：一番人数の多いところの値のことです。ファッションのモードと同じ綴りですが，よく見ることができるって意味では通じるところがありますね。

　図3-2のさきほどのモデルの場合，最頻値は20万円です。計算の詳細は後回しにしますが，平均値は三角形ABCの重心

の位置，つまり高さの $\frac{1}{3}$ のところの32万程度。中央値はBCに垂直な直線で三角形ABCの面積を半分にするところになります。30万程度というところでしょうか。

あまりに単純なモデルでしたが，このような分布の場合，平均値が他の2つの代表値よりも高めになる傾向があることがわかります。そこで，現象はどのような分布に従うものかを知り，その分布の性質を利用した考察をすることが重要です。

❻二項分布

正答率がそれぞれ60％である小問10題からなるテストがあるとき，小問ぞれぞれの「でき」は互いに独立（ある問アができた人たちの問イの正答率も，できなかった人たちの問イの正答率も変わらない）とすると，どのような成績分布になるでしょう。詳細はあとの第6章 **5** に譲りますが，10題のうち k 題正答する確率は， $_{10}C_k (0.6)^k (0.4)^{10-k}$

です。このように，組み合わせの記号が出てきます。この組み合わせの記号は，別名「二項係数」とも呼ばれているので，それにちなんで，k に関するこの確率分布は「二項分布」と呼ばれています。$k=0, 1, 2, \cdots, 10$ の11通りの場合のそれぞれについて求めて，グラフを描いてみました。

図3-3 二項分布の一例

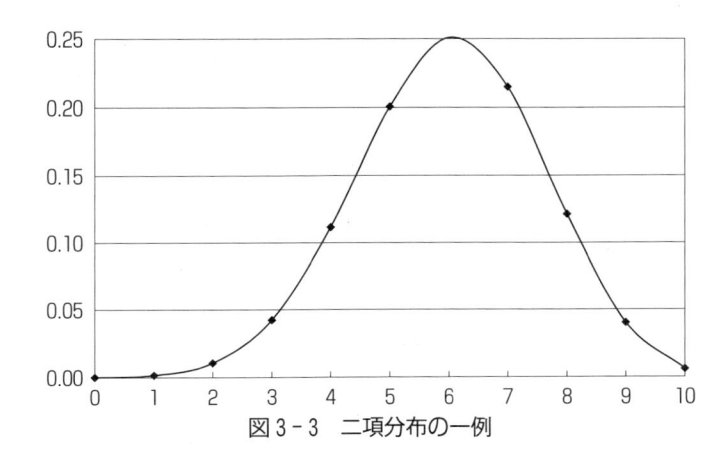

　正答率が60％だけあって，6題正答する確率が最大ですが，他の場合も確率があります。

　正答率 p の小問が n 題集まった試験では，正答される小問の個数は，平均 np 題，標準偏差は $\sqrt{np(1-p)}$ という分布に従うことが知られています。

◉ポアソン分布

　二項分布は，組み合わせ $_nC_k$ を計算しないとならないので，n の値が大きくなるとかなり面倒になります。そこで，n が大きくてしかも起こる確率が非常に小さいときの近似として，次のポアソン分布が使われます。(Poisson, Siméon Denis *1781-1840* フランス生まれの数学者)

平均 m 回起こる事件が，x 回起こる確率は，$\dfrac{e^{-m}m^x}{x!}$。

表3-1 馬に蹴られて死んだ兵士が1つの軍団に何人いるか

死亡者	0	1	2	3	4	5以上
軍団の数	144	91	32	11	2	0

　この式を，ボルケトヴィッチ（ポーランド生まれの統計学者 *1868-1931*）は，プロシャ陸軍で1軍団に何人，馬に蹴られて死んだ兵士がいたかという，それこそめったに起こらないような事件に適応しました。1875年から1894年にかけての実際のデータは，**表3-1**の通りです。

　まず，平均すると何人死んでいるかを求めます。死んだ兵士の人数の合計は，

$$0\times144+1\times91+2\times32+3\times11+4\times2=196\text{（人）}$$

で，軍団の数は，$144+91+32+11+2+0=280$ ですから，1つの軍団当たり平均で，$196\div280=0.7$（人）の兵士が死んだことになります。そこで，$m=0.7$ とおきましょう。

　さて，$\dfrac{e^{-m}m^x}{x!}$ なる式に，x のそれぞれを当てはめて，確率を求めます。e^t とは，その見かけ通りに指数関数ですが，MS-Excelでは，「=exp(t)」という関数で計算させることができます。

	D9	▼	f_x	=D8*E5			
	A	B	C	D	E	F	G	H
4								
5		推測値	全軍団数:		280	平均(m):		0.7
6		死亡者(x)	0	1	2	3	4	5
7		階乗(x!)	1	1	2	6	24	120
8		確率	0.4966	0.3476	0.1217	0.0284	0.0050	0.0007
9		軍団	139.0	97.3	34.1	7.9	1.4	0.2

図3-4 推測値の計算結果

2 分布のモデルを考えてまだ見ぬ人を予想する

　二項分布でも，ポアソン分布でも，分布を表わすグラフの横軸は1枚，2枚などの整数でした。「離散的確率変数」と呼ばれます。それに対して，体重などのデータは，48.3kgなどと必ずしも整数にはなりません。これを「連続的確率変数」と称します。このような変数の場合，データがそうなる確率を考えるのは，実はちょっとやっかいです。

　例えば，「倉田太郎の身長が，172cmである」が真か偽か。それを調べるには，倉田太郎氏の健康診断票を見せてもらって，172.0cmと記してあるかどうか調べるのもひとつの方法でしょう。でも，いまこの時点での彼の身長は，ひょっとしたら，ちょうど172cmなのではなく，ことによると172.032cmなのかもしれない。だいたい人間の身長なんて，重力のせいで背骨

推測統計と確率分布のモデル

の間が狭くなるそうだから、おとなだって1日の間に微妙に変わります。こんなことを考えると、うっかり真とは言えなくなってしまいます。

　でも、身長の話をいつも、そんなにまじめにしているでしょうか。

　倉田太郎氏の身長を x cm と書きましょう。普通は、172cm だというと、

$$171.5 \leq x < 172.5$$

という、1cm の幅を持つ範囲で考えていますし、

$$171.95 \leq x < 172.05$$

の 1mm の範囲で考えている場合には、172.0cm と書くでしょう。

　『ねえねえ、真紀の彼氏って、身長どれくらいだったっけ』
　「うーん、170cm かなぁ」
　『ふーん』
と会話をした知美ちゃんのうらやましがりかたは、10cm くらいの区間が問題だったりします。連続量の真偽は、その量がある区間に含まれているかどうかを考えることによって初めて意味があるのです。

図3-5 確率分布を表わすグラフの例

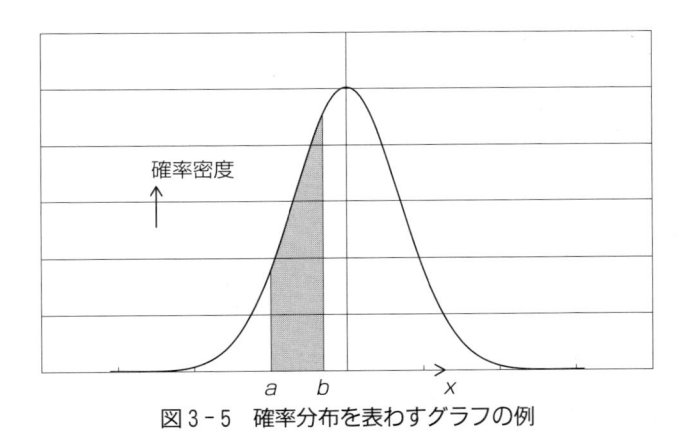

　図3-5のようなグラフでは，縦軸が表わす量のことを「確率密度」と呼ぶことがあります。つまり縦の高さが「確率」そのものではないということになります。身長などの値 x が横軸に表わされているとすると，$a \leq x < b$ の区間にある確率が網かけの部分の面積となるようなグラフになっています。ちょっと，話がこみいってきましたから，簡単な例で考えてみましょう。

❺一様分布

　MS-Excel では，=rand( ) という「関数」があります。0以上，1以下の数がどれも同じ確率で出るようになっているので，そのときそのときで値が変わります（一様乱数）。

推測統計と確率分布のモデル　75

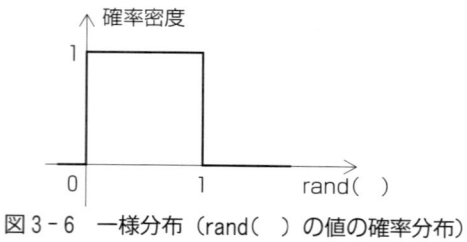

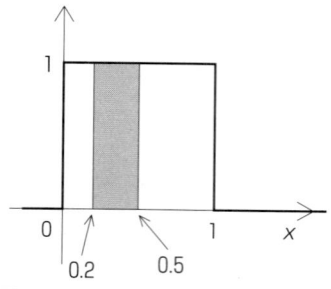

図3-6 一様分布（rand( )の値の確率分布）

図3-7 $0.2 \leqq x \leqq 0.5$ となる確率

　数学の場合，関数は一意的に値が決まるものを関数と言っています。厳密には数学の関数とは言えませんが，非確定事象を扱うときに，かなり有用な機能です。この関数の値の確率分布をグラフに表わすと図3-6のようになります。

　横軸の値，rand( )の値をxとしましょう。0から1の間では，縦軸の値が1となっています。どの値でも確率が1ってことではありませんね。でも，例えば，$0.2 \leqq x \leqq 0.5$である確率は，図3-7の網かけ部分の面積です。

この部分は，縦の長さ 1，横の長さは 0.3 の長方形ですから，面積は 0.3。これが求める確率になっています。

❻積分記号

このように確率は，求める範囲で確率密度を表わすグラフと x 軸とで囲まれた部分の面積です。いちいち図を描いて網かけをしていては大変です。$a \leq x \leq b$ の範囲で $y=f(x)$ のグラフと x 軸とで囲まれた部分の面積を，

$$\int_a^b f(x)\,dx$$

と記します。この記号は，$f(x)$ の値そのものではなく，「その区間で x 軸とグラフで囲まれた部分を，x 軸と垂直な直線で輪切りにして，それぞれの箇所の $f(x)$ の値にその輪切り 1 枚の厚み dx を掛けて，$a \leq x \leq b$ の範囲全部に関して足し合わせた（$\int_a^b$）」という面積を求めるプロセスを表わしたものです。

この「積分記号」と呼ばれる記号や，記号が表わしている概念「積分」には，$f(x)$ が多項式で近似されているときに，単純な公式があります。だから，計算にかなりの威力を発揮します。また，変化率を研究する「微分」と密接な関係もあります。拙著『高校の数学を解く』（技術評論社）に詳しく書いたところですので，もし必要なら参照していただくことにして，主要な結果だけを紹介します。

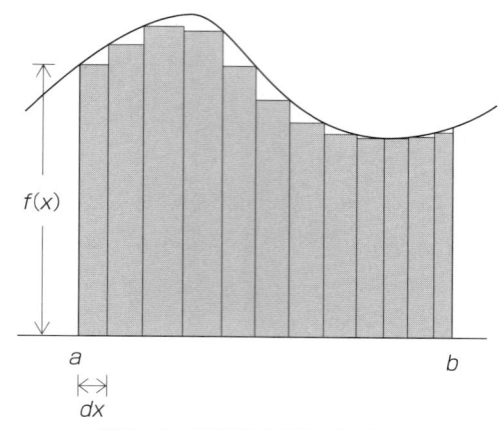

図3-8 面積を求めるプロセス

1) 2つの式の和の積分は、それぞれの積分の和
$$\int_a^b (g(x)+h(x))\,dx = \int_a^b g(x)\,dx + \int_a^b h(x)\,dx$$
2) 定数倍の積分は、積分の定数倍
$$\int_a^b c \cdot f(x)\,dx = c \cdot \int_a^b f(x)\,dx$$
3) それぞれの項の積分は、右肩が1つ上がる

$$\int_a^b x^{n-1}\,dx = \frac{b^n - a^n}{n}$$

という性質があります。1),2) を合わせて「線型性」と言っていますが、これを利用して、まず多項式 $f(x)$ を各項に分けて、3) を適用すればよいのです。

　$f(x) = 6x^2 + 4x + 3$ を例にして、$0 \leq x \leq 1$ の区間に関して実際の積分計算をしてみましょう。

$$\int_0^1 f(x)\,dx = \int_0^1 (6x^2 + 4x + 3)\,dx$$
$$= 6\int_0^1 x^2 dx + 4\int_0^1 x\,dx + 3\int_0^1 1\,dx$$

1番目の積分 $\int_0^1 x^2 dx$ は，3) での $n-1=2$ の場合です。$n=3$，$a=0, b=1$ を当てはめて，$\int_0^1 x^2 dx = \dfrac{1^3 - 0^3}{3}$。

同じように，$\int_0^1 x\,dx$ は，$x = x^1$ですから，$n=2$，$\int_0^1 1\,dx$ は，$1 = x^0$ なので，$n=1$ の場合に当たります。

$$\int_0^1 f(x)\,dx = \frac{6(1^3 - 0^3)}{3} + \frac{4(1^2 - 0^2)}{2} + \frac{3(1 - 0)}{1}$$
$$= 2 + 2 + 3 = 7$$

ミミズのような積分記号 $\int$ にお馴染みがないと，ぎょっとされるかもしれませんが，見てくれの割には，簡単な計算ですよね。

❺ 正規分布

この分布は大変威力を発揮する分布です。中心極限定理といって実はどのような分布でも多数回実施すれば，そのZスコア x が，

$$y = \frac{1}{\sqrt{2\pi}} \exp\left(-\frac{x^2}{2}\right)$$

というグラフで表わされる分布に近付くことが知られています。この近付く先を「標準正規分布」と言います。分布のグラ

フはこれと同じだけども、平均が0，標準偏差が1とは限らないものを「正規分布」と言います。

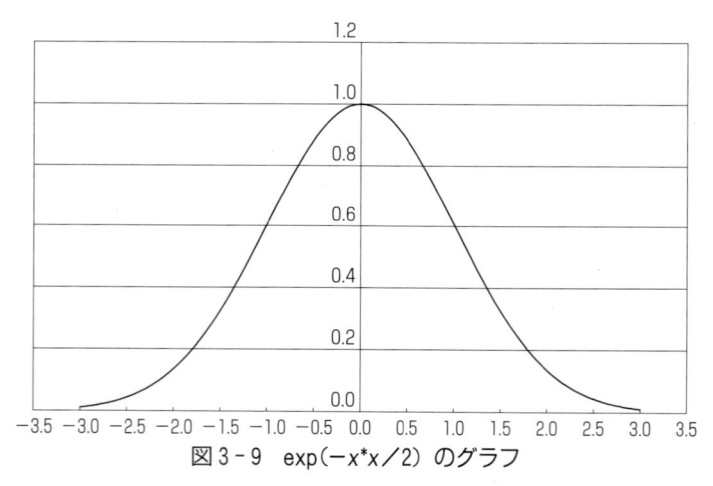

図3-9　exp(-x*x/2)のグラフ

いきなりグラフの方程式を言われても面食らってしまいますね。順番に説明していきましょう。式の右側は，ポアソン分布のときにも出てきた exp( ) です。$y = \exp(-x^2/2)$ のグラフをとりあえず描いてみましょう。x はZスコアを表わしています。だいたい-3から+3の間を，間隔0.05でとります。グラフは，図3-9のようになります。

だいたい，-3とか，+3のところで，ほとんどx軸に大変近くなるので，-3と+3の間のグラフを描きました。では，図3-8の要領で，曲線とx軸とで囲まれた部分の面積，つまり，

$$\int_{-3}^{+3} \exp(-x^2/2)\,dx$$

を求めてみましょう。

	B2	▼	fx	=EXP(-A2*A2/2)
	A	B	C	D
1	x	y=exp(-x*x)	y dx	C列の累計
2	-3.00	0.011108997	0.000555450	0.000555450
3	-2.95	0.012890689	0.000644534	0.001199984
4	-2.90	0.014920786	0.000746039	0.001946024
5	-2.85	0.017227471	0.000861374	0.002807397
6	-2.80	0.019841095	0.000992055	0.003799452

図3-10　曲線と x 軸とで囲まれた部分の面積（その1）

図3-10のように，A列に x の値，B列に y の値，C列に図3-8の短冊の面積，D列に，その累計を記させればよいでしょう。延々と120行くらい続くので最後の方だけ紹介すると，

	D122	▼	fx	=D121+C122
	A	B	C	D
119	2.85	0.017227471	0.000861374	2.498456433
120	2.90	0.014920786	0.000746039	2.499202472
121	2.95	0.012890689	0.000644534	2.499847007
122	3.00	0.011108997	0.000555450	2.500402457

図3-11　曲線と x 軸とで囲まれた部分の面積（その2）

面積は，だいたい2.5ってところでしょう。今回の場合は-3から+3の区間に限りましたが，区間を限らない場合，ずーと x 軸の右の方を限りなくという意味で $+\infty$，逆に左の方を限りなくという意味で $-\infty$ という記号を使い，

推測統計と確率分布のモデル　*81*

$$\int_{-\infty}^{+\infty} \exp\left(-\frac{x^2}{2}\right) dx$$

と面積を表わします。

ところで，この結果，2.5… には，あまり見覚えがありませんが，実は，正規分布の確率密度を表わす式の左側の分母，$\sqrt{2\pi}$ なのです。$-\infty$ から $+\infty$ までとなると「全部」を意味しますから，その部分の確率密度を積分すると，確率になります。「全部」の確率は 1 ですが，$\int_{-\infty}^{+\infty} \exp\left(-\frac{x^2}{2}\right) dx$ の積分の結果を，$\sqrt{2\pi}$ で割るのですから，「全部」の確率となるのです。

この積分の値を知ることができれば，Z スコアの区間にある確率がわかるので，便利そうです。でも，この積分は「三角関数とか指数関数とかのよく知られた関数で表わすことができない」ことで有名な関数でもあるのです。そこで，統計学の本には大抵，この積分の値を知るための数表が付録として入れられています。

	A	B	C	D	E	F	G	H	I
		F3		f_x	=NORMSDIST(E3)				
	A	B	C	D	E	F	G	H	I
1									
2		Zスコア	それ以下の確率		Zスコア	それ以下の確率		Zスコア	それ以下の確率
3		0.0	0.5000		1.0	0.8413		2.0	0.9772
4		0.1	0.5398		1.1	0.8643		2.1	0.9821
5		0.2	0.5793		1.2	0.8849		2.2	0.9861
6		0.3	0.6179		1.3	0.9032		2.3	0.9893
7		0.4	0.6554		1.4	0.9192		2.4	0.9918
8		0.5	0.6915		1.5	0.9332		2.5	0.9938
9		0.6	0.7257		1.6	0.9452		2.6	0.9953
10		0.7	0.7580		1.7	0.9554		2.7	0.9965
11		0.8	0.7881		1.8	0.9641		2.8	0.9974
12		0.9	0.8159		1.9	0.9713		2.9	0.9981

図 3-12　Z スコアがある値以下の確率

また，MS-Excel のワークシート関数としても，Z スコアがある値以下である確率を求める normsdist( ) が用意されています。そして，「その確率は，どのような Z スコア以下であるのか」を求める関数，つまり normsdist( ) の逆関数も，normsinv( ) として用意されています。

◉正規分布の応用例

標準正規分布の確率分布を利用する場合には，素データ x から，次の式を使って Z スコアに直す必要があります。そうです，第1章の繰り返しになりますが，

$$(\text{Z スコア}) = \frac{(\text{素データ}) - (\text{平均})}{(\text{標準偏差})}$$

です。

> Q1：ある年齢の女性の身長の分布は，平均 157cm，標準偏差 10cm の正規分布とみなせるそうです。この年齢の女性を1人指名して，その人の身長が 154cm 以下である確率を求めよ。

まず，154cm を Z スコアに換算します。

 (素データ) = 154, (平均) = 157, (標準偏差) = 10

をそれぞれ代入すると，

$$(\text{Z スコア}) = \frac{(154) - (157)}{(10)} = -0.3$$

[0.6179 のグラフ]

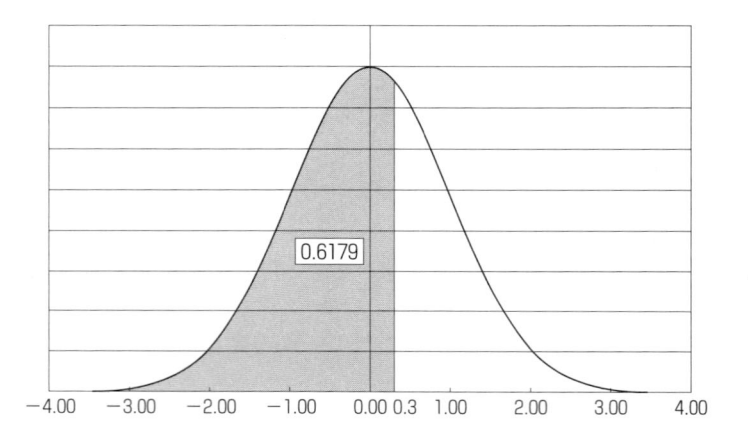

　このため，Zスコアが，−0.3 以下である確率を求めればよいことになります。MS-Excel をいちいち起動するのは面倒でしょうから，図 3-12 に出ている数値で済ませてしまいましょう。でも，この図では Z スコアがマイナスのところが記されていません。実はこのグラフが左右対称であることを用いて次のように計算できます。

1) まず，−0.3 の符号を変えた数，+0.3 でのデータを調べます。
　この網かけ部分の面積は，0.6179 です。
2) 面積を求めるべき部分は，

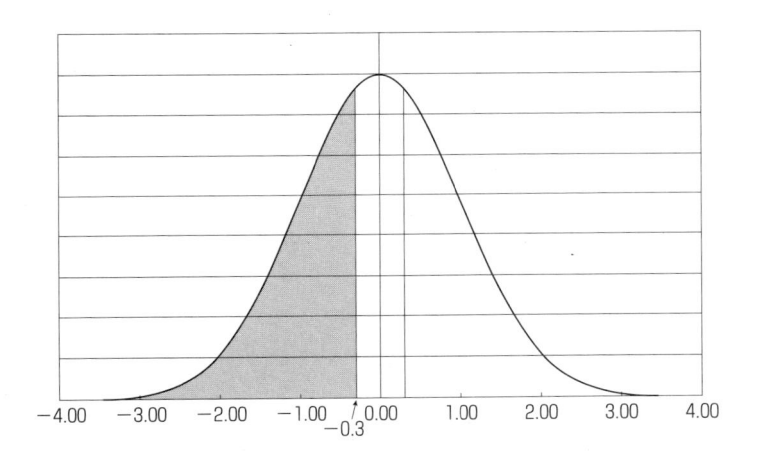

の網かけ部分です。

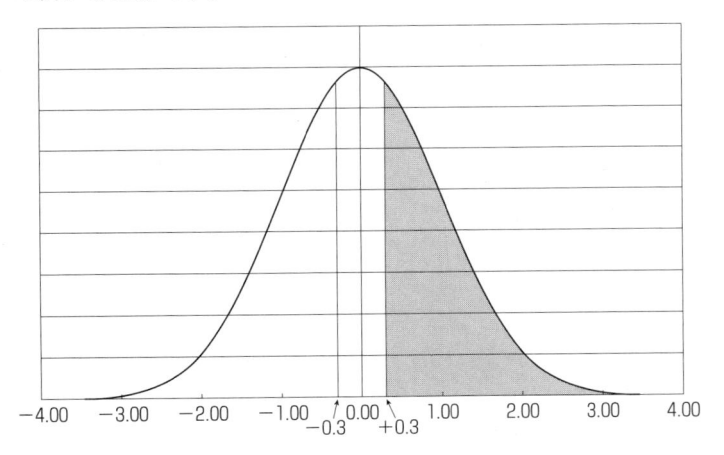

3) 求める部分は，1) で，網のかかっていないところと面積は同じ。

4) そこで、全体の 1 から、1) の 0.6179 を引いて、0.3821。そこで、求める確率は、身長の精度がそれほど厳密ではないだろうから、38％程度と答えておきましょう。

> Q2: 正規分布をしているとみなせるテストがある。偏差値が 60 以上、70 未満の者は何％いることになるか。

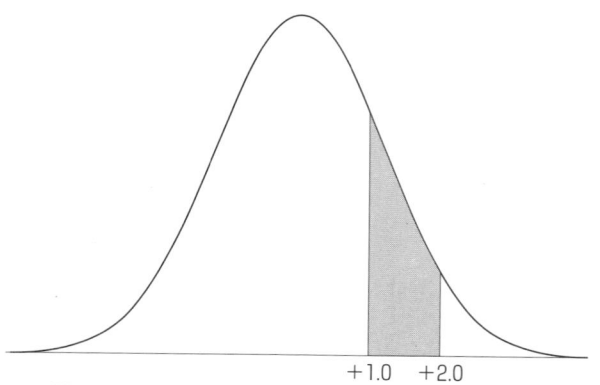

図 3-13　求めるのは、＋1 から＋2 の区間の面積

偏差値は、平均 50、標準偏差 10 になるように変換したものですから、偏差値 60 に対応する Z スコアは、

$$(Z スコア) = \frac{60-50}{10} = +1.0$$

同様に、偏差値 70 に対応する Z スコアは、＋2.0 になります。
求める確率は、図 3-13 の網かけ部分の面積です。
そこで、＋2 以下の部分の面積 0.9772 から、

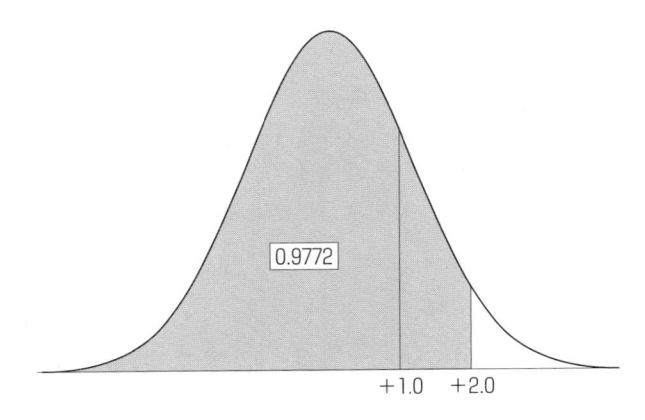

+1以下の部分の面積

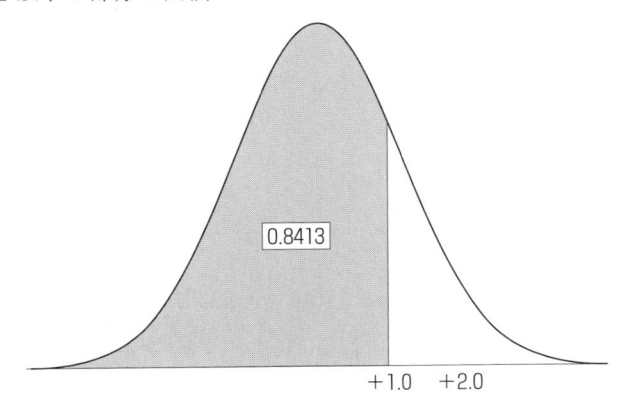

を引いて，0.9772 − 0.8413 = 0.1359。約 13.6％

> Q3：ある学校の入学試験に 1000 人の応募があった。100 点満点で平均 70 点，標準偏差は 5 点の正規分布とみなせる結果となった。上位の 600 名を合格とするとき，何点以上を合格とするべきか。ただし，ボーダーは整数で，合格者が 600 名を超えないようにとるものとする。

1000 人中の上位 600 人をとるのですから，受験者の 40％を落とすことになります。下の 40％は，Z スコアで言うと，

$$\mathrm{normsinv}(0.4) = -0.2533$$

なので，-0.2533 以下に当たります。平均，標準偏差，Z スコアを，

$$(Z スコア) = \frac{(素データ) - (平均)}{(標準偏差)}$$

へ当てはめると，

$$(-0.2533) = \frac{(素データ) - (70)}{(5)}$$

なので，ボーダーの得点は，$70 + (-0.2533) \times 5 = 68.7\cdots$。そこで，答えは，69 点です。平均のわずか 1 点下ですが，この平均値近くに多くの人がいるのですね。

COLUMN

半数補正

　Zスコアに変換していると気が付きにくいですが，例えば人数に関する分布だとすると，3.8人などという小数の結果はありえないはずです。こう考えると，図3-3のグラフは，厳密に言えばまずいと言えます。

　このような事象の確率密度のグラフを描くとしたら，元のデータが整数のときに限って，幅が0で，面積がその確率であるように表わさないとなりません。むしろ図3-3は，幅が1（題）で，隣合う棒どうしがくっついてしまった確率を表わす棒グラフを曲線で近似的に表わしたものと見るべきでしょう。

　例えば，6題から8題の確率を求めるのならば，6題，7題，8題それぞれの確率を表わす棒の幅1（題）が，ちょうどそれぞれとなっているところを中心にあるはずですから，5.5題から，8.5題に相当する部分の面積を考えるべきです。

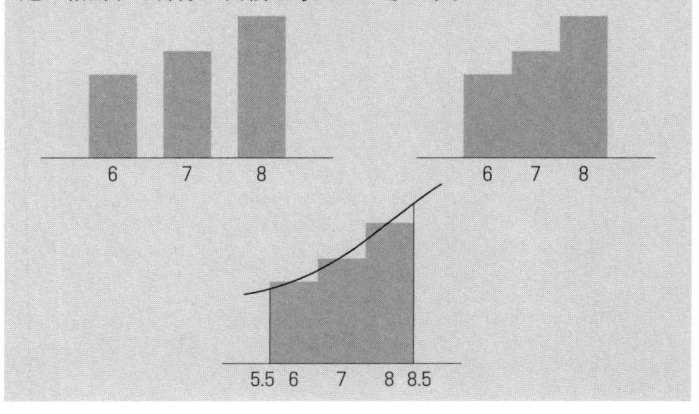

推測統計と確率分布のモデル

このように，考えている区間の最小と最大に 0.5 をそれぞれ引いたり足したりすることを「半数補正」と呼ぶことがあります。

第 4 章
次に来る人を予想する

1 何センチ以上,何センチ以下

◉推定と検定

具体的な問題を扱いながら考えましょう。

> Q1:ある年齢の男性の身長は,平均170cm,標準偏差11cmの正規分布をしているとしよう。その年齢の男性の身長を95%の確率で当たるように予言するには,何cm以上,何cm以下というべきか。ただし,上限・下限の平均は,このデータの平均170cmとなるようにする。(このデータはフィクションです。念のため)

平均より背が高いところと,低いところと互いに等しい範囲の広さをとるということです。平均より背が高い場合も95%,低い場合も95%予言を当てたいので,全体の95%の半分ずつ,0.475が入るようにします。

式で言うと,

$$\int_0^x \frac{1}{\sqrt{2\pi}}\exp\left(-\frac{x^2}{2}\right)dx = 0.475$$

を満たす Z を求めるのです。

これを MS-Excel の関数, normsinv を用いて求めるには, 図4-1のように, $-\infty$ から 0 までの部分, $\int_{-\infty}^{0} \frac{1}{\sqrt{2\pi}} \exp\left(-\frac{x^2}{2}\right)dx$ =0.5 を足し合わせて,

$\quad$ normsinv(0.500＋0.475)＝normsinv(0.975)≒1.96

として求めます。

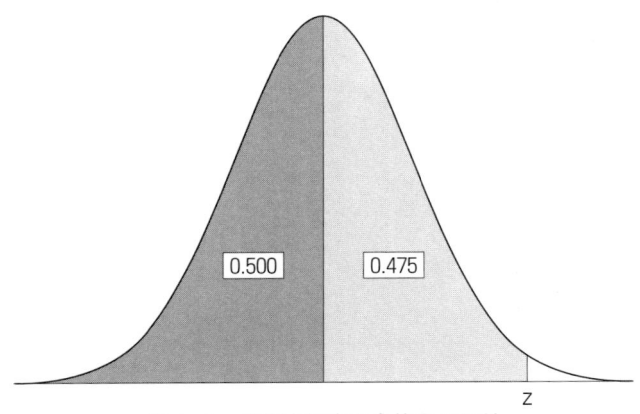

図4-1　平均より高い全体の47.5%

つまり, Zスコアが−1.96以上, ＋1.96以下となる範囲を予言すればいいのです。それぞれに対応する身長は,

$\quad 170＋1.96×11＝170＋21.6≒191.6$

$\quad 170−1.96×11＝170−21.6≒148.4$

と求められます。あまり有効数字の桁数を多くするに値しない

平均値の精度なので，整数で答えることにしましょう。148cm 以上，192cm 以下となります。

これだと身長の予言（推定）としてはあまり意味がないと思われるかもしれませんね。我々は，特別な能力を持ってはいないので，この程度がせいぜいのところです。でも，例えばドアの規格を決めるときに，ほとんどの人がかがまなくても通れてしかも，椅子の上にのればドアの上に額が飾れるようにする判断の材料にはなるでしょう。

165cm 以上，175cm 以下と予言すると当たる確率が減ってしまいます。当たる確率を増やすには，40cm 以上，3m 以下などと言えばよいのですが，それだとほとんど予言しないでもわかるよと言われてしまうでしょう。そこで，95%当たればよい，逆に言うと5%は外れる覚悟で基準を決めたのです。このような基準を「危険率5%」などと表現します。

> Q2：身長が160cm，標準偏差10cmの正規分布をしている集団を考える。
> (1) 180cmであることは危険率5%でこの集団の身長の推定値の範囲内に入っているか。
> (2) 177cmであることは，この集団に属している人に比べて危険率5%で背が高いと言えるか。

(1) この場合の推定値は，
$$140.4 = 160 - 1.96 \times 10 \leq x \leq 160 + 1.96 \times 10 = 179.6$$

ですから、180cmは、この範囲には入っていません。

　肝臓病などの診断で、健康な人のある酵素の血中濃度の分布に対して、その患者さんの濃度が範囲に入っているかどうかを調べることなどにも、この検定は応用されます。この場合は「健康な人」が「集団に属している人」に当たります。

(2) 上に計算した範囲の中に、177は入っているので、今度は…！と思われるかもしれませんが、「推定値の範囲に入っているか」と、「背が高いか」との違いがあります。

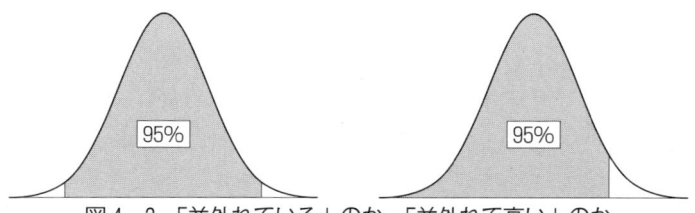

図4-2 「並外れている」のか、「並外れて高い」のか

　前者は、確率分布の両端のふもとを除いた95％でしたが、今度は高い方の5％に入っているかどうかの問題です。

　この場合は、$\int_{-\infty}^{Z} \frac{1}{\sqrt{2\pi}} \exp\left(-\frac{x^2}{2}\right)dx = 0.95$ を満たす Z、つまり、Zスコアが、$Z = \text{norminv}(0.95) = 1.645$ よりも大きいか小さいかが判断の境目です。これに相当する身長は、$160 + 1.645 \times 10 = 174.5$ に当たりますから、この集団の人をひとり選んだとき、この人は5％の危険率で背が高いと判断できます。

このように注目している集団の分布でありえる値かどうかを調べることを「検定」と言いますが，(1)のように平均近くであるかどうかを判断することを「両側検定」，大きいか，小さいか大小関係を決めて判断することを「片側検定」と呼び区別しています。

2 確率分布と統計量

❺度数分布から平均を求める

ある試験が行なわれて，その成績が表4-1のように発表されたとしましょう。「階級値」とは，本当は0点以上2点未満なのですが，その区間の真ん中の1点とこの区間の人の成績をみなしましょうというその区間の得点の近似値です。「相対度数」とは受験者全員に対する，その階級値で表わされる区間の得点を得た人の割合です。

表4-1

階級値	1	3	5	7	9点
相対度数	0.10	0.15	0.25	0.35	0.15

さて，この試験の平均点を求めてみましょう。点数の合計を人数で割るのが平均ですから，人数がわかっていないので，ちょっと手が出ないような気がするかもしれません。このようなときに，わかっていないところをとりあえず文字でおいてみるのです。全体の人数をN人とおくと，

$$(相対度数) = \frac{(その階級に属する人数)}{(全体の人数)}$$

ですから,

$$(階級に属する人数) = (相対度数) \times N$$

になります。そこで,表にNを使って人数を書き入れることができるようになりました。

表4-2

階級値	人数	その階級での合計点
9点	0.15N	9×0.15N=1.35N
7点	0.35N	7×0.35N=2.45N
5点	0.25N	5×0.25N=1.25N
3点	0.15N	3×0.15N=0.45N
1点	0.10N	1×0.10N=0.10N
合計	N	5.60N

そこで,

$$(平均点) = (得点の合計) \div (人数の合計)$$
$$= 5.60N \div N = 5.60$$

このように,Nが約分できて,結果はNによらないのです。つまり,Nが10でも,100でも同じ結果になるのです。極端な話,N=1でも,そのような人数はありえるのかどうかという問題はあるものの結果は同じです。

期待値という言葉を耳にされたことはありますか。宝くじの期待値とは,クジ1枚を持っていることで,期待できる賞金の平均なのです。この平均は,

$$（賞金総額）÷（発行枚数）$$

ですが,

$$\frac{それぞれの等での\{(その等の賞金)×(当たる本数)\}の合計}{（発行枚数）}$$

と,それぞれの等で分ければ,

　　(当たる確率)＝(当たる本数)÷(発行枚数)　なので,

期待できる賞金の平均は,

それぞれの等での,｛(その等の賞金)×(当たる確率)｝の合計

とも書けます。N＝1の場合の計算は,

それぞれの点での,｛(点数)×(その点数になる相対度数)｝の合計

と一致しています。

❻確率分布と平均

　これまでは,すでに起こったことをもとに,それぞれのデータを調べて平均・標準偏差を求めました。確率分布が与えられているとき,十分に多くの試行をすれば,相対度数は,確率分布が示す確率に近付いていきます。そこで,「もし多数回試行すればそれに近くなるであろう統計量」を計算することができます。

　平均は上に見たように,

　　　　　$\{(x の値)×(その x になる確率)\}$ の合計

と表わすことができます。幅 dx の x の区間での確率密度が $f(x)$ であるとき,x がその区間の数になる確率は $f(x)dx$ とな

りますから，これを全ての区間に関して足し合わせると，平均 μ は，

$$\mu = \int_{-\infty}^{+\infty} x \cdot f(x)\,dx$$

で求めることができます。抽象的な話が続いたので，実例を扱ってみましょう。(μ は m に相当するギリシャ文字です)

> Q1：(1) あるバス停では，毎時 0 分，20 分，40 分と，20 分毎にバスが来る。午後 2 時 x 分にバス停についた人が，バスが来るまでに待たされる時間を $w(x)$ と記す。2 時台にアトランダムに来る人の $w(x)$ の平均 μ_w を求めよ。
> (2) バスが来るのが同じ 1 時間に 3 本でも，毎時 10 分，20 分，40 分の場合はどうか。

(1) 2 時ちょうどなら，バス停にいるバスに乗れて，待ち時間 0。

2 時 01 分なら，次のバスは 2 時 20 分なので，待ち時間は 19 分。でも，2 時 03 分 54 秒などなどと，ちょうどではないところまで細かく考えると，幅が dx（分）の考えている時間帯に利用者が来る確率は，午後 2 時台は 60 分あるので，$\dfrac{dx}{60}$。

$w(x)$ のグラフは，図 4-3 の鋸の歯のような形になります。

図4-3 $w(x)$ のグラフ

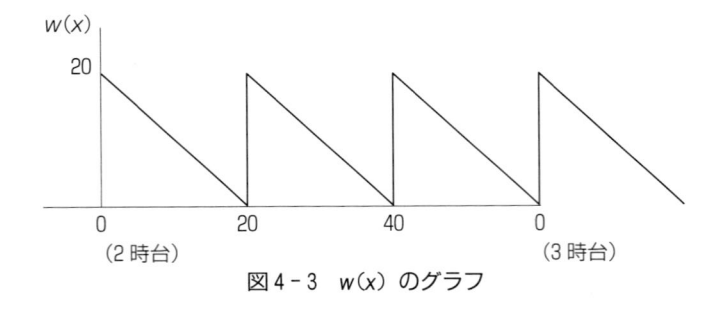

待ち時間と確率の積を，足し合わせたのが平均の待ち時間ですから，

$$\mu_w = \int_0^{60} \left(w(x) \cdot \frac{1}{60}\right) dx = \frac{1}{60} \int_0^{60} w(x) dx$$

ところで，$\int_0^{60} w(x) dx$ とは，図4-4の網かけの部分の面積ですから，等辺の長さが20の直角二等辺三角形3つ。そこで，$\mu_w = \frac{1}{60} \cdot 3 \cdot \frac{1}{2} \cdot 20 \cdot 20 = 10$（分）と計算できます。待ち時間の平均は，バスの間隔のちょうど半分に一致します。

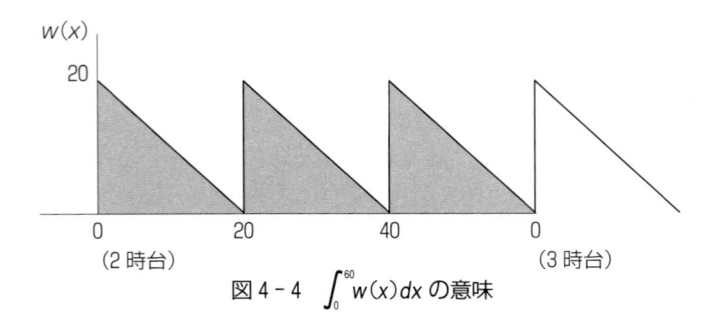

図4-4 $\int_0^{60} w(x) dx$ の意味

（2）一方，毎時 10, 20, 40 分にバスが来るバス停では，$w(x)$ のグラフは，図 4 - 5 のようになります。例えば，午後 2 時 41 分にバス停に着いた人は，次の午後 3 時 10 分のバスを待つことになるので，待ち時間は 29 分になるので，注意を要します。同じ 60 分でも，2 時ちょうどから 3 時ちょうどまでよりも，2 時 10 分から 3 時 10 分までの方がわかりやすいかもしれません。

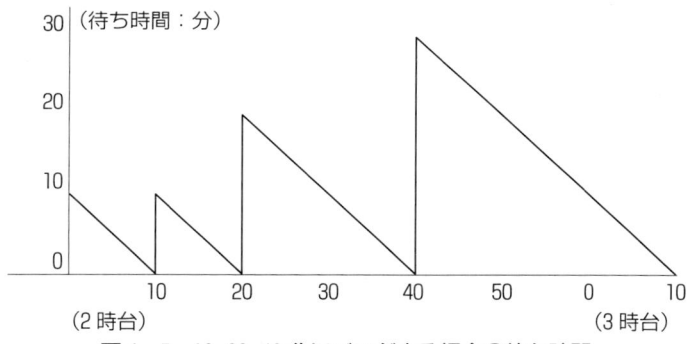

図 4 - 5　10, 20, 40 分にバスが来る場合の待ち時間

そこで，$\int_0^{60} w(x)dx$ は，大・中・小の 3 種のサイズの直角二等辺三角形の面積の和ですから，そこで，

$$\mu_w = \frac{1}{60}\left\{\frac{1}{2}10^2 + \frac{1}{2}20^2 + \frac{1}{2}30^2\right\} = \frac{1400}{120} = 11 \text{ 分 } 40 \text{ 秒}$$

と，（1）での平均待ち時間に比べて大きいことがわかります。

図4-6 (2)での $\int_0^{60} w(x)dx$ の意味

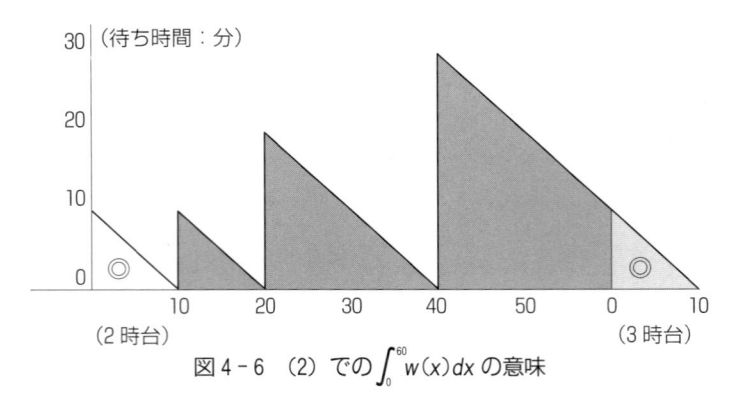

　直角二等辺三角形の面積は等辺の2乗に比例しますから，大きなものを作った方が面積の合計は増えるのです。このため等間隔に停留所に来るようにした方が平均待ち時間が少なくなります。ただし，これはアトランダムに利用者が来るときの話です。地域によっては駅に特急が着いたときにバスがバス停に待っていた方がよいなどの都合を考えて，必ずしも等間隔にはなっていないこともあります。これは利用者が来る確率が一様ではないので，確率が高いところを優先しているためです。

3 母集団と標本

　限りなく多い人数の母集団の全部については調べるのが大変であったり，意味がなかったりします。だって電球の寿命を調べようと工場で作った電球全部を切れるまで点してしまった

ら，売り物がなくなってしまいますね。そこで，比較的少数，n 個の標本を選んでそのデータを取るのが普通です。

表 4-3　標本と母集団の統計量

統計量	母集団	標本
データ数	限りなく多い	n
平均	μ	m
標準偏差	σ	s

　母集団がそうなるようにプログラムした人ならいざしらず，普通は母集団の統計量を知りません。そこで，m から μ を推測します。他に判断材料がないので，$\mu = m$ とするのが無難です。しかし，この推測が必ずしも当たっている保証はありません。ですから幅を持たせて，5％の危険率でどこからどこまでの区間に含まれているという形で推測します。その推測のためにいくつか知っておくべき性質を扱っておきましょう。それはもう，**1** の Q1 で既に考えたとお思いですか。実はこの問題は μ, σ が既知の場合の問題です。普通は，これらは未知で，得られたのは，標本の m, n, s という統計量なのです。

◉クラスの平均

　平均が 70 点で，標準偏差が 12 点のテストで，76 点をとったとしましょう。Z スコアが +0.5 ですから，正規分布だとすると図 3-12 によれば，下から 69％，つまり上から 31％のところです。優秀ではありますが，並外れたとニュースになるほ

どでもありません。でも、36人のクラスの平均点が76点だとしたらどうでしょう。そのクラスが理系選抜クラスで、そのようなテストが得意な生徒が集まっていたのかな。そのクラスを担当した先生の教えかたが良かったのか、それともうっかり口を滑らせてテストの問題を授業の例題にしてしまった…などなどの事件を嗅ぎつけたくなりますよね。

　実は、n個のデータを平均した平均値は、母集団の平均μの周りに、標準偏差$\frac{\sigma}{\sqrt{n}}$の分布をすることが知られています。この事実を使うと、「36人の平均点」の分布でのZスコアを考えると、平均が70点、標準偏差が$\frac{12}{\sqrt{36}}=2$（点）ですから、Zスコアは、$\frac{76-70}{2}=3$。

　これも正規分布だとすると下から99.865％。上から0.135％。ともあれ、5％どころの騒ぎではありません。

❺標本の分布から母集団の分布を推定する

　母集団の平均μ、標準偏差σを、n個の標本で計算した標本の平均m、標準偏差sから推定してみましょう。まず、繰り返しになりますが、他に判断材料がないので、$\mu=m$とするのが無難です。

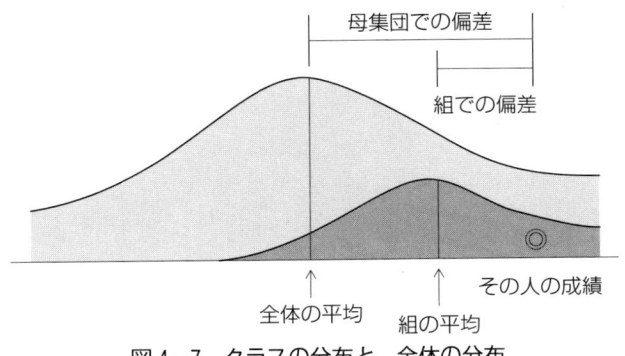

図4-7 クラスの分布と，全体の分布

しかし，どれくらいの誤差を見積もるべきなのか。標準偏差 σ の値は，標本の標準偏差 s と，標本数 n から，$\sigma = \sqrt{\dfrac{n}{n-1}} \cdot s$ という式で推定します。つまり，σ が s よりもちょっと大きくなり，また，n が大きいほどその差は狭まります。

標準偏差の自乗のことを，「分散」と呼びますが，母集団を成績とは独立になるようないくつかの組に分けると，

（母集団全体の分散）＝（組の中での分散）＋（組平均の分散）

となることが知られています。ここで，標本を n 人の組とみなせるので，$\sigma^2 = s^2 + \dfrac{\sigma^2}{n}$。これを σ に関して解いたのが，$\sigma = \sqrt{\dfrac{n}{n-1}} \cdot s$ でした。データからそのサンプルの標準偏差を求めるには，=stdevp( ) という MS-Excel の関数が使えると述べました。他にも =stdev( ) という関数があります。

これはデータから直接そのサンプルが属している母集団の標準偏差を求める関数だったのです。

4 他の分布とそれを応用した検定

◉ t分布

　副業でも有名な会社に，3つ星レストランなどの格付けの本を出しているミシュランがあります。本業はタイヤの会社で，おいしいレストランへ，ドライブして行ってみようとレストランのガイドブックを出したものです。ギネス・ブックでお馴染みのギネスの本業はビールの会社。酒場で，世界一についての話題が盛り上がると，ビールの売り上げが伸びるという作戦だったのかもしれません。

　そのギネスにゴセット（W. S. Gosset）という名の社員がいました。何本か抜き取ったビールを標本，その製造工程でできるビールの全体を母集団としてこれまでに述べた統計学を使っていたのです。でも彼の長年の経験から，その結果にずれがあることに気付きました。手短に言えば，「標本の数が少ない場合，母集団の分布として推定するべき分布は正規分布ではない」。この正規分布ではない分布を，「t分布」と名付け，勤務先を背負った本名ではなくスチューデントというペンネームで論文を発表しています（Student, 1908）。この分布も正規分布と同じく統計学の教科書などに掲載されています。しかし今で

はこの分布に関する数表を調べなくても，気軽にt分布を使った検定（t検定）を行なうための関数がMS-Excelなどに用意されています。

> Q1：5人の生徒が2回のテストをした。2回目が1回目よりも良いと言えるか？
> 1回目：60, 70, 80, 82, 85
> 2回目：65, 72, 90, 81, 86

	C	D	E	F	G	H	I
							平均
1回目	60	70	80	82	85		75.4
2回目	65	72	90	81	86		78.8
			E列の数式				
対応がある場合		0.075086	=ttest(C2:G2,1,1)			
対応がない場合		0.307238	=ttest(C3:G3,1,3)			

図4-8　関数 ttest( ) の使いかた

MS-Excelには，このような作業をしやすくするための関数ttestが用意されています。図4-8にその使いかたの例を記しておきました。

=ttest(一方のデータの範囲，他方のデータの範囲，片両，種類）と4種類の引数があります。「片両」とは片側検定（大きい，あるいは，小さい）か，両側検定（平均より外れている）かの区別で，片側が1，両側が2です。この場合は「2回目が

次に来る人を予想する　*107*

1回目より良い」という聞きかたですので,「2回目の成績が1回目よりも値が大きい」かどうかを調べています。引数は1になります。

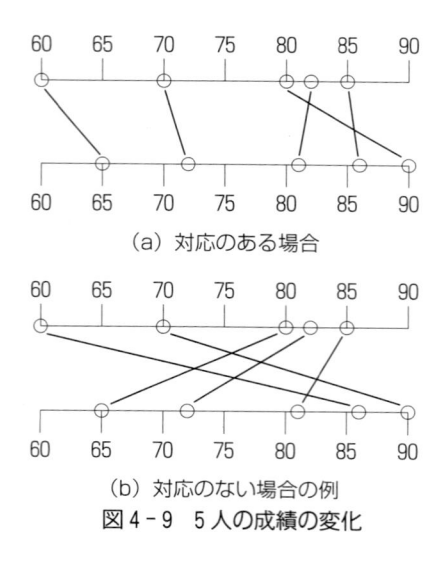

(a) 対応のある場合

(b) 対応のない場合の例

図4-9 5人の成績の変化

4番目の引数である「種類」のところは,

　　1：対応がある場合

　　2：対応がないが,2つのデータの標準偏差が等しいとき

　　3：対応がなく,2つのデータの標準偏差が異なるとき

で,検定の種類を指定します。「対応」のあるなしの違いは,このテストの受験者5人のデータをどのように表に書いたのかによります。

出席番号1番の生徒の成績をC列に，2番のものをD列にと，生徒の成績をそれぞれ同じ列に記しているとき，上のデータと下のデータとは「同じ受験者である」という意味で対応しています。その様子を図4-9の(a)に表わしてみました。

　対応があるとしたときの，この関数の値は，0.075086と，7.5％の確率を表わしています。1回目の成績と2回目とが無関係だとすると，たまたまこのような変化をする確率が7.5％しかないという意味です。5人中4人の成績が良くなっています。5％有意にはなっていないものの，もっと被験者数を多くすれば1回目のテストから2回目のテストまでに行なわれた授業の良さが検証できるかもしれません。

　それに対して，「対応がない」とした場合。つまり自由席の座席でテストをしてばらばらの順番で採点したものを左から右に表へ書き付けたようなケースです。普通はデータが違うなら標準偏差も違うはずですから4番目の引数は2であることは，まずありえません。4番目の引数は3です。確率の値は0.307238とかなり大きくなります。

　たまたまこのような変化をするのは，まあ，よくありそうな話となります。アンケートの場合，無記名ですから回収の仕方で，1回目の1番目のデータに対応するのが，2回目の2番目かもしれないし，3番目のものなのかもしれません。図4-9の(b)にその一例を記してみました。データは実はこんな対応だったという線を書き入れてあります。つまり平均点は上が

っていても，5人中3人の成績が下がっているというデータかもしれないのです。

❻ χ^2 検定

子どもが男か女かはだいたいそれぞれ $\frac{1}{2}$ ずつの確率だとしても，3人の子どもが全て娘さんのこともありえます。5人中2人が男で3人が女だとしても，だから男の子が生まれる確率は0.4だと結論するのは無謀です。たまたまそのような割合になったと考えるべきでしょう。

理論値と実際の値のずれは，それぞれの場合に関して，
{(実際の観測された回数) − (理論的な回数)}^{2} ÷ (理論的な回数)
を計算し起こり得る全部の場合の合計を出すと，$\overset{カイ}{\chi}$（ローマ字では"chi"で対応させます）というギリシャ文字の2乗で表わされる統計的な分布量に近似的に等しくなります。

このことを利用して先ほどのt検定のように，このズレが「よくあるたまたまのズレ」として判断しうる程度なのか，それとも，「何らかの理論値から離れる原因を考えるべき程度」のものなのかを考えることがあります。このような検定を，「χ^2 検定」と言います。

Q2：あるサイコロの出た目の回数を数えたところ，次のようになった。このサイコロは特定の目が出やすいと言えるか。

出た目	1	2	3	4	5	6
回数	2	4	5	6	8	5

サイコロを振った回数の合計は30回です。ここでの仮定は「サイコロは理想的なものである」。つまりそれぞれの目が出る確率が$\frac{1}{6}$であるとして理論度数を計算します。

図4-10にその結果を記しました。この程度以上の離れかたが起こる確率は，54.9%。つまりよくあることですから，特定の目が出やすいとは言えないことになります。

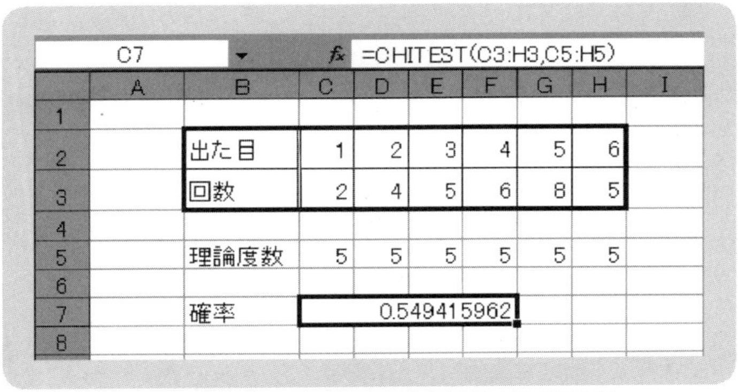

C7　=CHITEST(C3:H3,C5:H5)

	A	B	C	D	E	F	G	H	I
1									
2		出た目	1	2	3	4	5	6	
3		回数	2	4	5	6	8	5	
4									
5		理論度数	5	5	5	5	5	5	
6									
7		確率	0.549415962						
8									

図4-10　サイコロの目の出方に関するχ^2検定

Q3: 目白の街を歩いている綺麗なおねえさんに，どこの大学か，そしてロングヘアか，ショートヘアかを調べた。「綺麗な」とは調査者のあくまで主観であって，また「単なる主婦です」って答えられたときには無視するとして，次の表のような結果を得た（あくまでフィクションです）。ロングヘアかどうかはどの大学かと独立（無関係）だろうか。

	日本女子大	川村短大	合計
ロングヘア	120	80	200
ショートヘア	80	20	100
合計	200	100	300

このような場合は，まず，理論値（理論度数）を求めます。

もし「どっちの大学であるか」と「ロングヘア」であることとが独立であるとすると，この表はどのように埋まるかの理論値を考えるのです。

	日本女子大	川村短大	合計
ロングヘア	（ア）	（イ）	200
ショートヘア	（ウ）	（エ）	100
合計	200	100	300

まず，（ア）は日本女子大の学生さんでロングヘアの人の人数です。この表の右端の合計欄を見ると，全体300名のうち，ロングヘアの人は，200人です。ですから，「全体の $\frac{2}{3}$ がロングヘアである」ということができるでしょう。ですから（ア）

は日本女子大の人200人のうちの $\frac{2}{3}$。半端になってしまいますが，$\frac{400}{3} = 133.333\cdots$（人）と見るべきでしょう。

一般に，それぞれの合計欄を P, K, N, L, S と表わすと，上の（ア）～（エ）欄に当たる場所の理論値は，**表4-4**のようになります。

表4-4 独立と仮定した場合の理論値

	日本女子大	川村短大	合計
ロングヘア	$\frac{P \times L}{N}$	$\frac{K \times L}{N}$	L
ショートヘア	$\frac{P \times S}{N}$	$\frac{K \times S}{N}$	S
合計	P	K	N

MS-Excel のワークシート関数，

「=chitest(実際の値を記した場所，理論値の場所)」

を使うと，「もし独立であるとしたときの，これだけ以上の理論値と実際の値とが離れる確率」を求めることができます。

図4-11にその結果をご紹介しますが，その確率は，0.000532。つまり0.0532％ですから，5％はおろか，1％にも満たない確率です。ですから，「独立ではない」と言っても間違う，つまり実は独立だったという確率は，ごくわずかと言えるでしょう。

つまり，どの大学であるかと，ロングヘアであるかは，無関係とは言えないのです。

E14	=CHITEST(C3:D4,C9:D10)				
	A	B	C	D	E
1					
2		実際の値	日本女子大学	川村短大	合計
3		ロングヘア	120	80	200
4		ショートヘア	80	20	100
5		合計	200	100	300
6					
7					
8		実際の値	日本女子大学	川村短大	合計
9		ロングヘア	133.33	66.67	200
10		ショートヘア	66.67	33.33	100
11		合計	200	100	300
12					
13					
14		E17の数式	=CHITEST(C3:D4,C9:D10)		0.000532
15					

図4－11　目白を歩く女子大生に関する χ^2 検定

念のため申しますが，これはうちの奥さんが目白にある短大の出身であることにちなんだフィクションでした。

COLUMN

モンテカルロ法

　円周率を求める風変わりな方法にモンテカルロ法を利用したものがあります。モンテカルロ法とは，フォン・ノイマンが考案したもので，ある確率で表わされる数値を求めるのに，多数回試行を行なって相対度数を求め，その値を確率とみなすことで値を求めてしまう方法です。

　-1から+1までの区間に一様分布をする2つの乱数で点のx座標とy座標を決めると，その点は，原点を中心として，一辺の長さが2の正方形の内部で一様分布をします。同じく原点を中心として半径が1の円の内部を標的と考えると，標的に当たる確率は，面積の割合ですから，$\frac{\pi}{4}$です。このような点を，たくさん打てば，当たる確率はこの割合に近付くはずです。2500個の点を打つという実験を，20回してみました。

　2500回中何回当たるかは，確率$\frac{\pi}{4}≒0.785$の二項分布ですから，当たる回数の標準偏差は$\sqrt{2500×0.785×0.215}≒20.5$回です。5%の危険率で，$1963.5±20.5×1.96$。つまり，1922〜2003回と予想ができ，2500回打つという実験で円周率は，3.07から3.20の間かな？と出る程度の精度です。 ともあれ，2500個の点を打つという実験を，20回行なってみました。（→ p. 202：補注 **1**）

　5%の危険率というのですから，20回中1回くらいは推定範囲からはずれるかと思ったら，この場合は全て推定の範囲に収まっているようです。

次に来る人を予想する

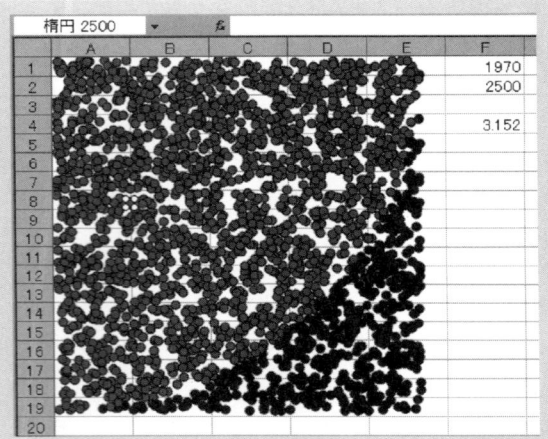

当たりかはずれか 2500 回

```
Sub MontCarFig()

      Cells(1, 6) = 0
   For i = 1 To 2500
      x = Rnd: y = Rnd
      If x * x + y * y > 1 Then
            h = 0
         Else
            h = 1
      End If
      c = 120 * h
      ActiveSheet.Shapes.AddShape(msoShapeOval, _
      250 * x, 250 * y, 6, 6).Select
      Selection.ShapeRange.Fill.ForeColor.RGB = RGB(c, c, c)
      Cells(1, 6) = Cells(1, 6) + h
      Cells(2, 6) = i
   Next i
      Cells(4, 6) = 4 * Cells(1, 6) / Cells(2, 6)
End Sub
```

上の図を作るためのプログラム

form
第 5 章
おちゃめな因子分析ノート

1 漫画の文体の分析

　因子分析の事例として，大学の1年生相手への話題提供として行なった調査（正田「マンガの文体とそのデータ蓄積のためのメモ」三重大学共通教育機構『大学教育研究―三重大学授業研究交流誌』第11号（2003）pp. 115-119）をご紹介しましょう。

　このごろの漫画は1ページに1コマといった大胆なコマ割りが行なわれたりしています。少女漫画では吹き出しの外の地に「心の中の台詞」が多く記されたりしています。これらの性質からこの作品の作風を数値化することができそうです。

　縦の位置の違いが作品の違い，横の違いが変量の違いになるようにします。統計ソフトもパソコン・ソフトですからMS-Excelにでも入力してからコピー＆ペーストすればよいですし，最近のStat Partnerでは，MS-Excelのアドイン（元のものの機能を拡張するもの）として扱える版もあるようです。

著者	作品名	発表年	頁数	漫画面法	コマ数	吹き出し	吹き出し行数	内的台詞	ナレーション	形喩	オノマトペ	登場者	略号
手塚治虫	続の描	1956	42	0.38	8.14	8.05	4.01	0.11	2.38	1.81	1.36	OM*	T1
手塚治虫	火星から来た男	1952	46	0.04	4.74	8.26	4.08	0.11	1.22	1.37	1.09	OM*	T2
しげの秀一	頭文字D/決走者(前・後	2002	31	0.39	3.23	1.94	2.21	0.81	0.48	0.00	1.52	OM*	し
山口かつみ	オーバーレブ!/猪の	2001	17	0.65	4.55	2.41	2.37	3.82	0.00	0.12	2.18	OM*	山
椎名もはる	浅汐MIDNIGHT/デ	1993	15	0.67	5.00	5.60	2.56	0.53	0.00	0.07	2.53	OM*	椎
あだち充	メモリーオフ	2000	49	0.02	6.53	4.98	1.05	0.88	0.57	1.87	1.39	YY*	あ
寺山剛昌	まじっく快人	1999	34	0.09	6.00	9.44	1.21	1.00	0.00	4.56	2.44	YY*	青
富田和日郎	ゲメル字宙商事店	2000	46	0.09	6.83	8.41	1.28	0.17	0.17	3.91	2.89	YY*	和
雷句誠	金米ブレード	1998	35	0.17	5.85	5.74	1.16	1.26	0.11	2.45	3.11	YY*	雷
新沢基栄	ハイスクール奇面組	1983	13	0.23	5.59	12.23	1.07	0.00	1.00	9.23	2.92	YY*	新
竹田エリ子	MOMOウェルカム!	1985	29	0.06	5.48	6.73	2.71	2.00	0.04	0.15	1.29	MT*	天
竹本泉	夢見る7月猫	1981	31	0.71	7.39	8.97	2.98	0.23	0.71	0.71	0.94	MT*	泉
水木しげる	テレビくん	1964	32	0.31	7.16	6.59	3.68	0.47	3.19	1.13	1.16	EA2*	水
赤塚不二夫	怪像ッフーチンなど	1970	23	0.04	6.35	8.09	3.38	0.00	0.00	5.74	1.70	EA2*	赤
藤子不二夫	ひっとら叔父さん	1965	30	0.17	7.07	8.43	4.61	0.13	0.00	4.10	1.97	EA2*	F1
梅澤春人	BOY/鷹の爪	1998	19	0.13	3.95	3.74	2.03	0.11	0.00	1.47	1.68	OY*	梅
木多康昭	喜張ノ川の流れのよ	1996	18	0.16	4.17	4.72	2.67	0.17	0.05	1.28	1.61	OY*	木
秋本治	こちら葛飾区亀有公園	1990	19	0.16	6.11	11.30	2.61	0.00	0.00	4.47	3.79	OY*	秋
藤子不二雄	ドラえもん/バイバイ	1979	7	0.00	7.71	10.14	3.27	0.00	0.00	9.14	1.86	RS*	F2
白土三平	《つぶえし(第1節)	1962	9	0.33	6.00	4.78	3.77	0.44	0.44	6.44	2.56	RS*	白
福本伸行	天/勝り	2001	28	0.09	4.28	1.82	2.31	1.89	0.14	0.25	0.29	YJ*	福
南Q太	タラチネ/恋愛物語①	2000	15	0.04	4.80	6.00	2.54	0.40	0.93	1.33	0.00	YJ*	南
手塚治虫	ショーを訪ねた男	1968	16	0.04	8.37	9.00	3.53	0.06	0.06	1.63	0.56	T3	T3
美本禎子	ごくせん/伝説の仁俠	2001	16	0.50	4.81	4.69	2.00	0.06	0.25	0.13	1.81	OM*	衣
A1	A2	A3	B0	B1	B2	B3	B4	B5	B6	B7	B8	C1	C2

図 5-1

おちゃめな因子分析ノート 119

まず1回目の計算。「求める統計量」としては，「固有値・寄与率」だけで十分です。また「因子の個数」は，だいたい変数の数の平方根を整数になるように切り上げた数を仮の値として採用しておきます。この場合変数は11あります。$\sqrt{11}=3.31\cdots$ですから，4にしておきます。だいたい統計処理ソフトでは無難な方法を「デフォルト」つまり一番初めに提示するようになっていますから，特に変えないでいきましょう。

　ただ，「バリマックス」についてちょっと説明しておきましょう。冒頭のコンビニのコーヒー牛乳の比喩で言えば，コーヒー原液，牛乳，ガムシロップという因子を抽出できればいいですが，「水分，糖質，脂質，…」などと栄養学の知識がなければ意味不明な分析結果を出すかもしれません。なるべくコンビニにある商品に近いものを因子として選ぶ方が使いやすいのです。

表5-1　固有値と寄与率

	固有値	寄与率	累積寄与率
因子1	2.939	0.505	0.505
因子2	1.782	0.306	0.812
因子3	0.550	0.095	0.906

　さて，このマンガの分析に関して言えば，変数として挙げられているものに近いものが因子として抽出されるようにする方法を「バリマックス回転」と言うのです。

　表5-1に戻りましょう。「固有値」とは，全体の分散にどれ

くらいそれぞれの因子が影響を及ぼすかを表わす量です。固有値の和に対するそれぞれの固有値の割合が「寄与率」です。また，それまでの寄与率の和が，「累積寄与率」です。この表を見て因子の数を決めます。つまりはじめの方の因子を採用して，あとの因子は誤差として無視するのです。いろいろな主張がなされていますが，基準として，

(1) 固有値が 1 未満のものは採らない。
(2) 急激に固有値の値が下がったところ以前を採る。
(3) 累積寄与率が 65% を超える。

などを考えましょう。この場合，因子の数を 2 とすることにします。

表 5-2 9 個の変数に対する因子負荷量

略号	変数名	共通性	独自因子	因子1	因子2
A3	変数 1	0.968	0.032	−0.359	0.916
B1	変数 2	0.089	0.911	−0.297	−0.020
B2	変数 3	0.481	0.519	0.539	−0.437
B3	変数 4	0.811	0.189	0.883	−0.177
B4	変数 5	0.648	0.352	0.026	−0.805
B5	変数 6	0.324	0.676	−0.498	0.274
B6	変数 7	0.284	0.716	−0.023	−0.533
B7	変数 8	0.723	0.277	0.845	0.094
B8	変数 9	0.345	0.655	0.421	0.409

そこで，因子の数を 2 に改め，再度計算を実行します。このときには，「因子負荷量」，「因子得点」を計算させましょう。

それが，表5-2の結果です。

この中で，B1（変数2）は共通性が0.1未満で，どの因子の因子負荷量も小さいことがわかります。この場合，因子1にも因子2にも関係の薄い変数と思われます。つまり，コーヒーとかの話をしているのに，オレンジジュースの分析もしてしまったようなものです。これも当てはまる構造を無理して考えるよりも除外した方が考えやすいですね。

表5-3 再度因子分析を行なったときの寄与率

	固有値	寄与率	累積寄与率
因子1	2.884	0.564	0.564
因子2	1.676	0.328	0.892

今度は変数2を削除して，残る8つの変数に対して再度因子分析を実行します。表5-3がその結果です。因子2までの累積寄与率をやや上げることができました。

表5-4 8個の変数に対する因子負荷量

略号	変数名	共通性	独自因子	因子1	因子2
A3	変数1	0.962	0.038	−0.410	0.891
B2	変数3	0.490	0.510	0.570	−0.407
B3	変数4	0.824	0.176	0.898	−0.130
B4	変数5	0.643	0.357	0.073	−0.798
B5	変数6	0.310	0.690	−0.496	0.254
B6	変数7	0.276	0.724	0.022	−0.525
B7	変数8	0.655	0.345	0.800	0.121
B8	変数9	0.423	0.577	0.455	0.465

さて、表5-4の結果を見てみましょう。因子負荷量には、絶対値の大きいものと小さいものとが出てきます。それぞれの変数がどの因子の因子負荷量の絶対値が大きくなっているか。これが、「解釈」のために重要な情報となります。

これから解釈に入ります。表5-4での変数8の因子負荷量を読めば、例えば「形喩」を表わす変数8は、

(変数8)
= (+0.800)×(因子1) + (+0.121)×(因子2)

という計算で予測できることになります。因子2にもちょっと影響されますが、因子1により影響を受けているというわけです。

この因子負荷量のうち、絶対値の大きなものに注目して、それぞれの因子がどのような意味を持っているか解釈します。この場合、変数3と変数9は、両方の因子に関する因子負荷量の絶対値が大きいので敬遠し、因子1に関して負荷量が大きいのは、変数4、変数6、変数8と考えましょう。ただし、下線を引いた変数6は値がマイナスになっているものです（このような変数を「反転項目」と言うことがあります）。つまり因子1の値が高い作品は、

変数4 (B3) 吹き出しが多く

変数6 (B5) の反転 内的台詞が少なく

変数8 (B7) 形喩が多い

という特徴を持つことがわかります。

このようなコンピュータからの情報は，『「特濃牛乳」に多く含まれていて，「カフェオレ」と「カフェラッテ」にも含まれてはいるが，「ブラック無糖」には含まれていないもの』のようなものですから，「じゃあそれは『牛乳』のことでしょう」と名前を付けてあげる必要があります。それが「解釈」なのです。第1章の冒頭の比喩で言えば，岩塩と汗と海水とに含まれているものに「塩」という名前を与えて，「塩辛さ」という概念をはっきりさせたような作業をすることになります。

　ここでは，登場人物の台詞が多く，表情にも変化があるけれども，内面の心理描写は少ない作品なのです。一言で言えば，内向的ではなく外向的な作品と言えるでしょう。そこで，因子1を「外向―内向」因子と解釈することにしましょう。因子2に関しては詳細を省きますが，発表年に対する負荷量が大きなことに注目して，「当世風―古典的」因子と解釈しましょう。

　次に，それぞれの作品がどのような傾向を持つか，因子得点を計算させてみましょう。それぞれの作品に関して

　　　　　（因子1の因子得点，因子2の因子得点）

という座標で表わされる点に，作品を表わす文字を記した図を作ってみました。

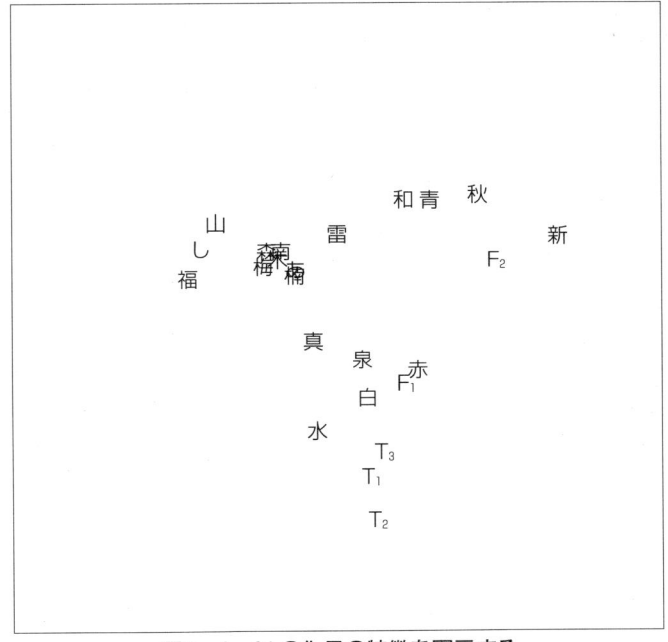

図5-2　24の作品の特徴を図示する

　残念ながらここまで MS-Excel は面倒見てくれないので，どの位置に字を植えるかと，コマンドをどう記述するかまでを MS-Excel に作業させて，LaTeX を使って作りました。サンプルが少ないですし，偏りもありますから，これから信頼性のある結論を導けるわけではないのです。それを前提にお遊びで見ていただきましょう。

　T_1, T_2, T_3 は，どれも手塚治虫先生の作品。因子2の軸の負

の部分近くに密集しています。さすがに戦後漫画の創始者手塚先生だけあって「古典的」な傾向が強いですね。また，F_1, F_2 は，藤子不二雄先生の作品。こちらの方は互いに離れています。ご承知のように，藤子先生の作品は，A先生とF先生の合作です。F_1 は「ひっとらぁ伯父さん」，F_2 は「ドラえもん／バイバイン」。前者はA先生の，後者はF先生の作風を濃くしているので，このような違いがでたのかもしれません。

英文学の世界には，シェークスピアは，複数の作者の共同作品だという説があって，それぞれの作品の文体を因子分析して，このような類似性のあるなしを調べた研究があるそうです。また，源氏物語の53帖についても同じような研究が行なわれています。

2 手作りの性格検査

さて，第1章で紹介した，『ドラえもん』の登場人物にちなんだ性格検査。表計算ソフトで計算した結果を図5-3として紹介しておきます。ちなみにSDとは，標準偏差のことです。BとAとの相関係数は，AとBとの相関係数に等しいので，片方の記載を省いて空欄になるところに，横にはみ出る部分を入れてスペースの経済をはかりました。

	問1	問2	問3	問4	問5	問6	問7	問8	問9
平均	4.04	2.45	3.27	3.04	2.75	2.51	3.52	3.00	3.11
SD	0.70	1.03	0.80	1.14	1.11	1.35	0.82	1.15	0.78

	問10	問11	問12	問13	問14	問15	問16	問17	問18
平均	2.68	3.27	3.85	3.20	3.00	2.93	2.96	3.10	2.65
SD	0.87	0.95	1.12	1.04	1.19	0.66	1.11	1.20	1.27

（被験者数71人）

相関係数

	問10	問11	問12	問13	問14	問15	問16	問17	問18	
問1	-0.07	-0.08	0.06	0.05	0.05	-0.02	0.17	0.03	0.35	問1
問2	0.05	0.05	0.21	0.13	0.20	0.13	0.07	-0.09	0.42	問2
問3	-0.04	-0.17	0.03	0.07	0.34	-0.04	0.06	0.45	0.13	問3
問4	0.07	-0.05	-0.04	0.12	-0.15	0.00	-0.31	-0.12	-0.28	問4
問5	-0.17	-0.28	-0.13	-0.02	0.10	-0.12	-0.20	0.00	0.01	問5
問6	0.25	0.06	0.01	-0.07	-0.75	0.01	-0.11	-0.20	-0.10	問6
問7	-0.04	0.00	0.09	0.24	-0.06	0.12	0.06	0.05	-0.19	問7
問8	-0.20	-0.06	0.04	-0.01	0.03	0.13	-0.06	0.24	0.08	問8
問9	0.12	0.07	0.15	0.16	-0.05	0.13	0.01	-0.24	0.20	問9
問10	1.00	0.45	0.04	-0.02	-0.23	0.08	0.29	-0.10	-0.15	問10
		1.00	0.18	-0.02	-0.11	-0.06	0.25	-0.13	-0.18	問11
問9	1.00		1.00	0.07	-0.13	0.21	0.11	-0.03	0.24	問12
問8	-0.02	1.00		1.00	0.19	-0.02	0.18	0.06	0.12	問13
問7	-0.03	-0.18	1.00		1.00	0.04	0.27	0.24	0.19	問14
問6	0.11	-0.06	0.17	1.00		1.00	-0.02	-0.08	-0.01	問15
問5	0.02	0.19	-0.12	-0.05	1.00		1.00	-0.05	0.00	問16
問4	-0.07	-0.15	0.07	0.09	0.06	1.00		1.00	0.23	問17
問3	-0.14	0.09	0.07	-0.22	0.22	0.02	1.00		1.00	問18
問2	0.23	0.01	-0.16	-0.13	-0.05	0.03	0.02	1.00		
問1	-0.27	0.00	0.01	0.05	0.19	0.02	-0.02	0.30	1.00	問1
	問9	問8	問7	問6	問5	問4	問3	問2	問1	

図 5-3　18 の問に関する基本統計量

　膨大なデータの量に圧倒されてしまいそうですが，せっかくだから気が付くところをいくつか出しておきましょう。問 1 と問 1 とか，問 9 と問 9 とかの，自分自身との相関係数は当然のことながらどれも 1.00 になっています。相関係数の値がマイナスになっているものもあります。

　例えば，問 6 と問 14 の相関係数は，-0.75 になっています。

おちゃめな因子分析ノート　127

6. 部屋が散らかっている。ゴキブリ好みの部屋です☆

14. きれい好き。部屋はきれいにしてからお出かけ！

互いに正反対とも言える関係のペアでした。

プラスの方で相関係数の絶対値が大きいものは，問 10 と問 11 との間の，0.45。

10. 自分が一番がいい。話題の中心は自分じゃなきゃ！

11. 自分の思い通りにならないと嫌。パソコンが壊れたらパソコンのせいだよ!!

どちらもジャイアンの台詞でした。

それに次ぐのは，問 2 と問 18 の，0.42。

2. つい幹事を引きうける。みんなの代表☆

18. 学級委員はよくやった。いつも制服には委員バッチ☆

どちらも面倒見の良さに関連のある質問でした。

この程度を眺めることはできますが，さすがに全部を見てとるわけにはいきません。そこで，統計ソフト Stat Partner で因子分析を行なうことにします。

固有値が 1 を超える因子が 3 個しかありませんでしたから，因子の数を 3 として計算した結果，因子負荷量が次のようになりました。絶対値が 0.3 を超えるところを太字にしています。

表 5-5

	共通性	独自因子	因子1	因子2	因子3
問1	0.116	0.884	0.037	**0.304**	0.148
問2	0.338	0.662	0.129	**0.565**	−0.043
問3	0.186	0.814	**0.359**	−0.025	0.238
問4	0.067	0.933	−0.178	−0.183	0.038
問5	0.179	0.821	0.021	−0.072	**0.416**
問6	0.499	0.501	**−0.695**	0.018	−0.128
問7	0.028	0.972	−0.039	−0.120	−0.109
問8	0.067	0.933	0.069	0.058	0.243
問9	0.121	0.879	−0.104	0.283	−0.174
問10	0.333	0.667	−0.136	0.039	**−0.560**
問11	0.385	0.615	−0.025	0.041	**−0.618**
問12	0.157	0.843	−0.041	**0.359**	−0.163
問13	0.051	0.949	0.172	0.133	−0.062
問14	0.953	0.047	**0.970**	0.032	0.109
問15	0.023	0.977	−0.021	0.124	−0.084
問16	0.343	0.657	**0.335**	0.149	**−0.457**
問17	0.176	0.824	**0.304**	−0.017	0.288
問18	0.835	0.165	0.147	**0.839**	**0.330**

問16，問18の2つは，複数の因子に関して因子負荷量の絶対値が大きくなってしまいました。また，逆に，問4, 7, 8, 9, 13, 15は，どの因子に関しても因子負荷量の絶対値が大きくないことになっています。いろいろと試行錯誤して解釈しやすいように問を削ったりするのですが，この場合複数の因子に関し

て負荷量の大きいものはそのままにして,どの因子についても因子負荷量の絶対値の大きくないものを削ることにしました。

表5-6

	共通性	独自因子	因子1	因子2	因子3
問1	0.225	0.775	0.012	−0.075	0.468
問2	0.363	0.637	0.115	0.131	0.577
問3	0.171	0.829	0.380	−0.153	0.052
問5	0.155	0.845	0.092	−0.383	−0.006
問6	0.527	0.473	−0.726	−0.008	−0.001
問10	0.344	0.656	−0.225	0.541	−0.028
問11	0.509	0.491	−0.135	0.700	−0.035
問12	0.145	0.855	−0.078	0.186	0.322
問14	0.995	0.005	0.999	0.045	0.059
問16	0.285	0.715	0.197	0.483	0.113
問17	0.132	0.868	0.310	−0.180	0.056
問18	0.625	0.375	0.159	−0.182	0.755

因子寄与率の状態も改善されました。

表5-7 固有値と寄与率

	固有値	寄与率	累積寄与率
因子1	2.017	0.373	0.373
因子2	1.222	0.226	0.598
因子3	1.012	0.187	0.785

これで残した12個の問は,どの因子が主に効いているかで4問ずつの3種類に分けることができました。因子の順番や正

負の向きは，はじめの計算と違っていますが，最後の結果についてまとめると，

〈因子1〉問3, 6, 14, 17

　（＋）　3. 人をよく助ける。拾ったものは必ず交番☆
　（－）　6. 部屋が散らかっている。ゴキブリ好みの部屋です☆
　（＋）14. きれい好き。部屋はきれいにしてからお出かけ！
　（＋）17. 信号無視はしない。赤信号は，みんなで渡っても危ないよ！

　勤勉な性格を表わす因子と解釈できるでしょう。

〈因子2〉問5, 10, 11, 16

　（－）　5. 個人より共同作業が好き。レポートは共同が一番！
　（＋）10. 自分が一番がいい。話題の中心は自分じゃなきゃ！
　（＋）11. 自分の思い通りにならないと嫌。パソコンが壊れたらパソコンのせいだよ‼
　（＋）16. 自分は頭が堅い。将来は頑固になりそう。

　（－）の方は協調性，（＋）は自己中心性となる因子と解釈できるでしょう。

〈因子3〉問1, 2, 12, 18

　（＋）　1. 頼られると断れない。おだてられるとのっちゃうよ！

（＋）　2. つい幹事を引きうける。みんなの代表☆
　（＋）12. 強がっているが甘えん坊。あの人の前では…
　（＋）18. 学級委員はよくやった。いつも制服には委員バッ
　　　　　　チ☆

　固有値の小さな因子でやや解釈に困ります。これは誤差ですと切り捨ててもよいかもしれません。ちょっと苦しいですがリーダーシップに関する因子と解釈しておきましょう。

　さて，このように作ったものは，文化祭などでお客さん相手に診断的に使いたいものです。つまりお客さんの回答を入力して，

> あなたの，勤勉さは，[　　　　　]で，
> 協調性は，[　　　　　]で，
> リーダーシップ性は，[　　　　　]です。

という結果を出したいものです。節を変えてこの問題を考えます。

3 重回帰分析

　観察された量 X（説明変数）から，予測するべき量 Y（目的変数）を，これまで経験された (X, Y) の組から予測する式を回帰式，それをグラフに描いたときの直線を，回帰直線と言いました。

前の節で，手作りの性格検査の話をしましたが，これまで記録のある71人のデータとそれらの人の因子得点の組を利用して，文化祭に訪れて下さったお客さんの各問への回答から，お客さんの因子得点をなるべく誤差を少なく推量するようなこと。これを重回帰分析と言います。予測するのに参照する量（説明変数）が複数になっているからです。

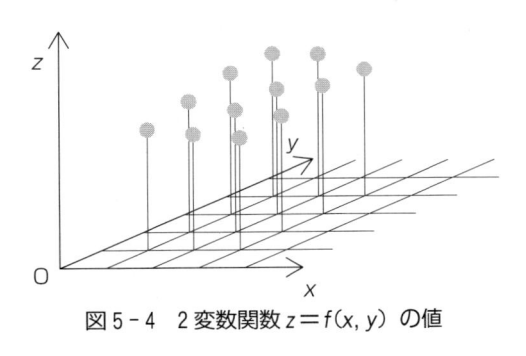

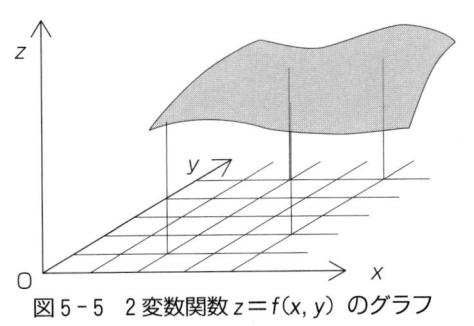

図5-4　2変数関数 $z = f(x, y)$ の値

図5-5　2変数関数 $z = f(x, y)$ のグラフ

　前節で6つの問を処理の都合で削りましたので，問の番号を

付け直し，変数1〜変数12とし，71人の過去の被験者の因子得点3つを，変数13〜変数15としましょう。

表5-8

変数	1	2	3	4	5	6	7	8
問	1	2	3	5	6	10	11	12

変数	9	10	11	12	変数	13	14	15
問	14	16	17	18	因子	1	2	3

グラフは一般的には，曲面になります。でも，ここでは平面で近似することにしましょう。というのも，あまり複雑な式を使うような複雑さはないと判断するからです。山歩きの次の一歩には，この坂はどっちの方角が最大傾斜線で，どれくらい急かという程度の情報で十分です。

直線のグラフでは，x方向に1進んだときに，yがどれくらい増えるかを傾きと言いました。それぞれの変化量の割合であることを示すために，変化量を表わすギリシャ文字Δ（デルタ）に対応するローマ文字dを使って，$\frac{dy}{dx}$と表わすこともあります。今回の2変数の場合は，x方向に1進んだときにzがどれだけ増えるかと，y方向に1進んだときにzがどれだけ増えるかと2通りの傾きが必要です。坂でも，北の方向の傾きと，東の方向の傾きと両方がわかれば最大傾斜線の方向がわかります。

yの方は変化させないで，xを変化させたときのzが増える割合であることを表わすのに，dを丸くした記号を使って，

$\dfrac{\partial z}{\partial x}$ と表わしたり，z の増えかたの y の増えかたに対する割合を $\dfrac{\partial z}{\partial y}$ と表わしたりします。

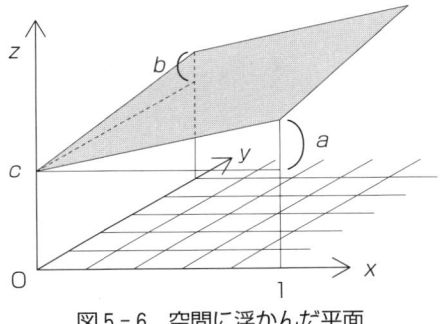

図5-6 空間に浮かんだ平面

　直線では，傾き $\dfrac{dy}{dx}$ が一定ですから，その値 a と，$x=0$ のときの値 b を用いて，$y=ax+b$ と，x と y との関係を表わすことができました。平面の場合，$\dfrac{\partial z}{\partial x}$ と $\dfrac{\partial z}{\partial y}$ とが一定で，それぞれ a,b だとすると，原点での値 c を使って，$z=ax+by+c$ と表わすことができます。

　いろいろな地点 (x,y) での z の値を集めたとして，その関係を誤差が一番小さくなるような平面 $z=ax+by+c$ の右辺を回帰式と言います。一変数関数のときに回帰直線と言いましたね。また，a,b,c を回帰係数と言います。集められたいくつかの (x,y,z) のデータから a,b,c を求めること，これが重回帰分析なのです。

それもここの例では，説明変数が2個ではなく，12個になっています。そして，目的変数も因子の数3つあるので，重回帰分析の計算をそれぞれに応じて3回行なうことになります。

　変数13を目的変数として，変数1〜12を説明変数とする重回帰分析も，統計ソフトで行なうことができます。そのソフトを使って因子得点の回帰式を得ることができました。

$$X13（因子1の因子得点）$$
$$= -2.998 + 0.018X1 - 0.089X2 + 0.003X3$$
$$- 0.025X4 + 0.065X5 + 0.072X6 - 0.035X7$$
$$+ 0.097X8 + 0.950X9 - 0.107X10 + 0.048X11$$
$$- 0.036X12$$

同様に，変数14を目的変数として，

$$X14（因子2の因子得点）$$
$$= -2.750 - 0.037X1 + 0.073X2 - 0.091X3$$
$$- 0.134X4 + 0.031X5 + 0.292X6 + 0.469X7$$
$$+ 0.082X8 + 0.171X9 + 0.184X10 - 0.044X11$$
$$- 0.092X12$$

さらに，変数15を目的変数にして，

$$X15（因子3の因子得点）$$
$$= -3.121 + 0.230X1 + 0.266X2 + 0.020X3$$
$$+ 0.014X4 + 0.002X5 - 0.012X6 + 0.028X7$$
$$+ 0.074X8 - 0.106X9 + 0.082X10 - 0.020X11$$
$$+ 0.464X12$$

COLUMN

判別分析

2の事例は，アンケートの選択肢に過ぎなかった
[5]：すごくよく当てはまる／[4]：どちらかというと当てはまる方だ
[3]：どちらとも言えない　　／[2]：どちらかというと反対の方だ
[1]：完璧反対だと思う

を，間隔尺度としてみなし，平均・標準偏差・相関係数などを算出し，数学的モデルを構築した例とみることができます。

また，**3**では，相関係数の回帰係数としての意味を多次元に発展させた重回帰分析を紹介しました。

判別分析は，重回帰分析のように複数の「説明変数」のデータから，ある事象の真偽をなるべく誤差が少なくなるように予測するための手法です。重回帰分析の目的変数は連続量でしたが，判別分析では，男か女かとか，縄文人か弥生人かなど，Yes, Noを判別することを目的とします。Yesを1，Noを0として，複数の説明変数から，0に近いか，1に近いかを示す目的変数を算出する式をYes, Noが既知のサンプルから算出し，未知のサンプルのYes, Noを推測するのです。このようなYesを1，Noを0としてあたかも連続量のように扱う変数を，ダミー変数と呼ぶことがあります。

例えば，埴原和郎，1997『骨はヒトを語る：死体鑑定の科学的最終手段』講談社+α文庫：「骨を読む」（中央公論社，1965刊の改題）には，遺体の骨の寸法を説明変数として，その遺体の性別を予測する式と，それのデータを得る経緯とをみることができます。

COLUMN

誤差の可能性

　パソコンを使ってゴソゴソ計算させて出てきた数値に研究者は一喜一憂します。場合によっては仮説が支持される結果が，場合によっては逆の結果とか，これだけのデータではどちらとも言えないという結果が出ることがあります。後者の場合，仮説が正しかったのか再検討する必要があるかもしれません。ことによると，被験者の数が少なすぎたので，仮説は正しいけれども処理結果としては確証が得られなかったのかもしれません。後者の場合と思えるなら，もっと被験者を集めることを考えます。

　重回帰分析などをパソコンで計算した場合，出した値の範囲も同時に出力される場合があります。71人の被験者のデータをもとに計算したのですが，被験者のそれぞれに関してみると，モデルを使った値に近い人もいれば遠い人もいます。その様子を統計的に分析して，2.8以上，3.4以下などと表示するのです。

　100%とは言えないけど統計的には5%の例外を除いてこの範囲に入るというデータ。そう「危険率」として紹介した考えかたがここに使われているのです。

第 6 章
数式が必要な人のために

1 シグマ記号

ここでは分散公式の証明を目標にシグマ記号を練習してみましょう。シグマ記号とは，

$$\sum_{k=1}^{10} k = 1+2+3+4+5+6+7+8+9+10$$

のように，条件を満たす全ての k を全て足した結果を表わすものです。ギリシャ文字 Σ の下側には「$k=1$」とどの文字に条件を表わし，はじめの数は何か。上側には，その文字の値はどこまで変化させるかを示します。

奇数を足してみましょう。

$1+3=4 \qquad =2\times 2$

$1+3+5=9 \qquad =3\times 3$

$1+3+5+7=16 \quad =4\times 4$

はじめのいくつかの奇数を足し合わせると平方数になりそうです。

奇数は，$1=2\times1-1$, $3=2\times2-1$, …と書き表わすことができます。つまりはじめから k 番目の奇数は，$2k-1$ です。「は

じめの n 個の奇数を足し合わせた結果」は，$\sum_{k=1}^{n}(2k-1)$ です。

これは途中の項を…で表わせば，
$$\sum_{k=1}^{n}(2k-1) = (2\times 1 - 1)$$
$$+ (2\times 2 - 1)$$
$$+ \cdots$$
$$+ (2\times n - 1)$$
$$= 2\times(1+2+\cdots+n) - n$$
$$= 2\sum_{k=1}^{n}k - n$$

と書けます。

ところで，$\sum_{k=1}^{n}k = 1+2+\cdots+n$ を

逆向きに，$+)\ \sum_{k=1}^{n}k = n+\cdots+2+1$ と足しても同じですから，
$$2\sum_{k=1}^{n}k = (n+1)+(n+1)+\cdots+(n+1)$$
$$= n(n+1)$$

なので，$\sum_{k=1}^{n}(2k-1) = n(n+1) - n = n^2$ と平方数であることを示せます。いちいち書き下しましたが，「線型性」といって，シグマ記号は足し合わせる範囲が同じなら多項式の計算であたかも Σ 倍を表わすかのように扱って，括弧でまとめたり括弧をはずしたりする計算を行なうことができます。例えば，

$$\sum_{k=1}^{10}(6k^2 + 3k + 4) = 6\sum_{k=1}^{10}k^2 + 3\sum_{k=1}^{10}k + 4\sum_{k=1}^{10}1$$

のように。

さて，準備体操が済んだところで，目標に挑戦してみましょ

う。分散公式の証明です。分散は標準偏差 s の2乗ですから,

$$s^2 = \frac{1}{n}\sum_{k=1}^{n}(x_k-m)^2 = \frac{1}{n}\sum_{k=1}^{n}\left(x_k^2 - 2m\sum_{k=1}^{n}x_k + m^2\right)$$

$$= \frac{1}{n}\sum_{k=1}^{n}x_k^2 - \frac{2m}{n}\sum_{k=1}^{n}x_k + \frac{m^2}{n}\sum_{k=1}^{n}1$$

ここで, m とは, 平均 $\frac{1}{n}\sum_{k=1}^{n}x_k$ のことでしたし, $\sum_{k=1}^{n}1 = 1+1+\cdots+1 = n$ なので, $s^2 = \frac{1}{n}\sum_{k=1}^{n}x_k^2 - m^2$ となります。

2 最小自乗法

ⓐ 二次関数の極値と最小

二次関数 $f(x) = ax^2 + bx + c$ の $x=t$ での変化率は, 「微分法」によれば, $f'(x) = 2at+b$ となります。$f'(x)=0$ となる t は, ただの1ヵ所, $t = -\frac{b}{2a}$ のところに限られています。変化率が0とは, グラフに描けばまったく平らか, 山の頂上か, 谷の底かを意味していますが, 二次関数のグラフは放物線なので, 頂点のところで最大になるか最小になっているのです。

例えば, 筑波山は山の頂上ですが, 富士山よりも低いので日本での最大の標高とは言えません。そこで, 最大と区別するために, 山の頂上のことを「極大」と, 谷の底を「極小」と言います。極小もしくは極大のときの値を, 「極値」と言います。二次関数の極値は, $f\left(-\frac{b}{2a}\right)$ です。

この記号は，$x=-\dfrac{b}{2a}$ のときの関数 $f(x)=ax^2+bx+c$ の値を意味しています。実際に代入して整理すると，$-\dfrac{b^2-4ac}{2a}$ です。a が正のとき極小，負のとき極大となっています。

◎平均と標準偏差

標準偏差 s の定義に平均 m がでてきます。この平均と標準偏差との関係に，上に述べた二次関数の最小が関わりあいを持っています。問いの形式でご紹介しましょう。

> x についての二次関数，$f(x)=\dfrac{1}{n}\sum_{k=1}^{n}(a_k-x)^2$ の最小値は，$f(m)$ であることを示せ。

つまり，標準偏差の自乗（分散）は，この二次関数の最小値に当たります。証明は，シグマを使った計算練習のような作業です。

$$f(x)=\dfrac{1}{n}\left\{x^2\sum_{k=1}^{n}1-2x\sum_{k=1}^{n}a_k+\sum_{k=1}^{n}a_k^2\right\}$$

一般に，二次関数 $f(x)=Ax^2+Bx+C\ (A>0)$ の最小値は，$f\left(-\dfrac{B}{2A}\right)$ でした。この場合，$A=1$，$B=-2\times\dfrac{1}{n}\sum_{k=1}^{n}a_k$ ですから，x が平均のときに最小になります。

❻回帰直線と相関係数

同様な計算ですので,結果のみ記します。原点を通る回帰直線 $y=ax$ によって,n 人の X の標準得点(Z スコア)x_k から,Y の標準得点 y_k を予想した値を $\hat{y}_k = ax_k$ とすると,$\sum_{k=1}^{n}(\hat{y}_k - y_k)^2$ が最小になるのは,a の値が $a = \dfrac{1}{n}\sum_{k=1}^{n} x_k y_k$ のときです。

❻コーシー・シュバルツの不等式

相関係数の絶対値が 1 以下であることを証明するのに,

$$\sum_{k=1}^{n} a_k^2 \times \sum_{k=1}^{n} b_k^2 \geq \sum_{k=1}^{n} a_k b_k$$

が利用できると便利です。この不等式を「コーシー・シュバルツの不等式」と呼ぶことがあります。まずこの不等式から証明しましょう。

t についての二次関数,$f(t) = \sum_{k=1}^{n}(a_k t - b_k)^2$ は,各項 $(a_k t - b_k)^2$ が 0 以上なので,それらの和も 0 以上である。そこで,二次関数の最小値は 0 以上なので,$A = \sum_{k=1}^{n} a_k^2, H = -2\sum_{k=1}^{n} a_k b_k, B = \sum_{k=1}^{n} b_k^2$ とおくと,$f\left(-\dfrac{H}{2A}\right) = -\dfrac{H^2 - 4AB}{2A} \geq 0$ となることから示すことができます。

さて,X の標準得点が x_k,Y の標準得点が y_k であると,X と Y との相関係数 r は,

$$r^2 = \left\{ \frac{1}{n} \sum_{k=1}^{n} x_k y_k \right\}^2 \leq \frac{1}{n^2} \left(\sum_{k=1}^{n} x_k^2 \right) \times \left(\sum_{k=1}^{n} y_k^2 \right)$$

$$= \left\{ \frac{1}{n} \sum_{k=1}^{n} x_k^2 \right\} \left\{ \frac{1}{n} \sum_{k=1}^{n} y_k^2 \right\} \quad となります。$$

一方，x_k は標準得点ですから，分散公式

$$1^2 = s^2 = \frac{1}{n} \sum_{k=1}^{n} x_k^2 - 0^2$$

に当てはめ，同様に y_k も標準得点なので，$r^2 \leq 1$ を示すことができました。

3 多次元量と行列

行列やベクトルなどに関する予備知識を，ごく簡略に記しておきます。

◉ 3人の受験生が3つの大学を受験する

太郎さん，理香さん，文太さんが T, K, W の3つの大学を受験することを考えます。それぞれの大学の試験の難しさは同じ程度で英語と数学の二教科で出題されます。配点と三人の予想正答率は次の表6-1のようになっています。

表6-1 配点と正答率

	配点			予想正答率		
	T大学	K大学	W大学	太郎	理香	文太
英語	100	50	180	0.70	0.30	0.90
数学	100	150	20	0.70	0.85	0.20

さて、これらのデータによって、誰がどの大学を受けると総点は何点になるかを計算することができます。何も教科を縦軸にする義理はありません。「ナニナニが、コレコレをどの程度評価するか」を表わす数値と考えて、評価者に当たるナニナニを左の見出し、被評価者に当たるコレコレを上の見出しに書くと統一すると、**表6-2**のように書くことができます。つまり配点というのは、それぞれの大学がそれぞれの教科を受験生の資質としてどのように評価しているかを、正答率はそれぞれの教科の観点で言えば、受験生がどのように評価できるかを示していると考えるのです。

表6-2 評価者と被評価者

正答率	太郎	理香	文太
英語	0.70	0.30	0.90
数学	0.70	0.85	0.20

配点	英語	数学
T大学	100	100
K大学	50	150
W大学	180	20

得点	太郎	理香	文太
T大学			
K大学			
W大学			

実際の計算結果を，書き入れてみましょう。例えば，理香さんがW大学を受験するときの得点は，**表6-2**で太線にした部分を注目すればいいですね。

　英語の得点は，180点満点のうちの0.30つまり30％で，54点。数学は，20点満点の85％なので，17点ですから，合計71点。他のところも同じように計算していけばいいのです。

❻ベクトルの内積

　ところで，「ベクトル」として，数のまとまりを多次元量として考えることがあります。上の表の太線の部分が示しているデータの組で言えば，W大学の配点ベクトル (180, 20)，理香さんの正答率ベクトル (0.30, 0.85) のように。これらのベクトルの左から1番目の数（第1成分）は英語の，第2成分は数学に関するデータですが，もっと教科の数が多いときには成分を増やして考えることもできますね。

　一般に，得点は，(配点)×(正答率) という式で考えることができます。上のベクトルでも，「それぞれの成分の積を足し合わせたもの」を，配点ベクトルと正答率ベクトルの積の一種と考えて2つのベクトルの「内積」と呼ぶことがあります。

　(180, 20) と (0.30, 0.85) との内積 (180, 20)・(0.30, 0.85) は，$180 \times 0.30 + 20 \times 0.85 = 71$ ということになって，配点ベクトルと正答率ベクトルとの内積がその受験生の予想得点となるということになります。

数式が必要な人のために

❻ベクトルは向きを持つ

座標平面上での平行移動もベクトルです。(5, 3) が「x 方向 5, y 方向 3 の平行移動」を表わすとすると,

$$(5, 3) + (6, 4) = (11, 7)$$

となります。(5, 3) の平行移動をしてから, (6, 4) の平行移動をしたときには, 結局はじめのところから (11, 7) の平行移動をしたのと同じところに移るからです。

同じように, (5, 3) を,

x 方向に毎秒 5cm, y 方向に毎秒 3cm

動くという速度を表わすとすると, 4秒間ではどれくらい動くかを,「ベクトルの実数倍」で表わすこともできます。

$$4(5, 3) = (20, 12)$$

❻外積

内積があるなら外積もあるだろですって? その通りです。磁場のあるところに電流を流すとその導線に力が生じますが, その力の大きさは電流の強さと磁場の強さとの両方に比例します。このような力を表わすものが外積です。内積は普通の数ですが, 外積は向きを持つ量, つまりベクトルです。この2つの積を区別するために, 内積の演算記号をナカテン・で, 外積を×で表わします。

❺ベクトルで順位は入れ替わる

さて，結局3人の順位はどうなったでしょう。

表6-3

得点	太郎	理香	文太
T大学	140.0	115.0	110.0
K大学	140.0	142.5	75.0
W大学	140.0	71.0	166.0

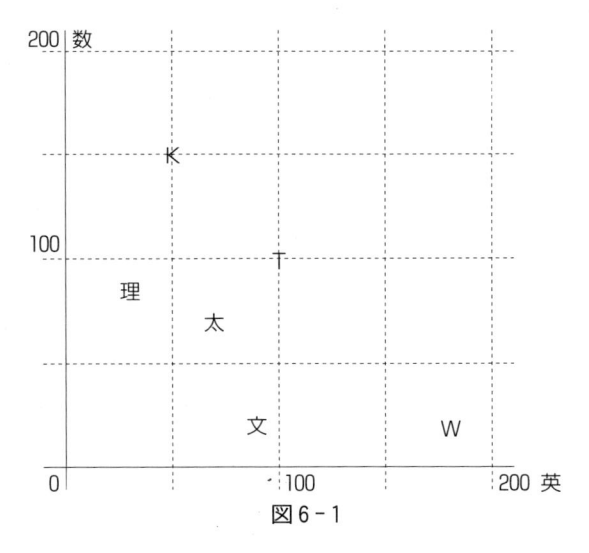

図6-1

受ける大学によって3人の順位が違うことがわかります。この様子を座標で観察しましょう。

正答率の％表示にすると，配点と一緒の座標平面で表わしても読み取りやすくなります。**図6-1**に，太郎，理香，文太の

予想正答率を表わす点と，それぞれの大学の配点を表わす点を打点してみました。

　こんな作業をしてみて下さい。原点とそれぞれの大学とを通る直線を引きます。この直線にそれぞれの受験生を表わす点から垂線を引いてみる。

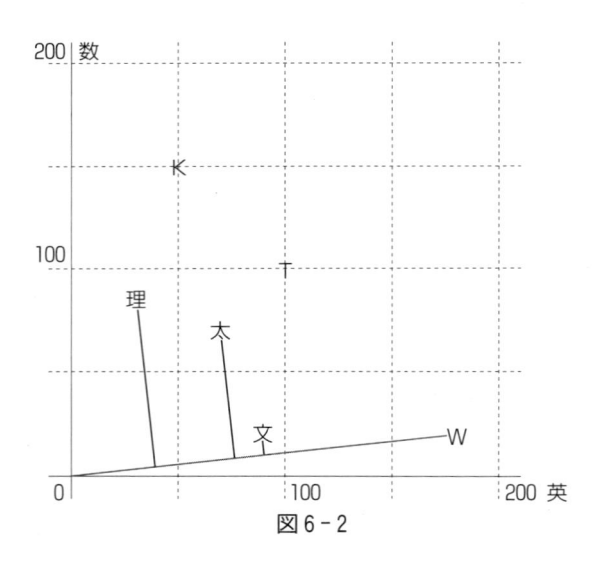

図6-2

　W大学について行なうとこんな感じになります。この垂線の順番は，W大学での得点の順番に一致しています。他の大学についてもやってみて下さい。では，それぞれの大学で，文太さんと同じ得点を得る人は，どんな正答率ベクトルを持っている人でしょうか。

その正答率ベクトルを (x, y)，つまり英語の正答率 x，数学の正答率 y とおくと，W大学の場合では，$180x + 20y = 166$ という条件になります。実はこの方程式が，「文」という点から直線 OW へ引いた垂線の直線を表わしているのです。原点からの距離をベクトルの大きさと言いますが，正答率ベクトルの大きさが等しいなら，大学の配点ベクトルとの向きが近い方が有利であることがわかります。

　三角関数という関数で，$(1, 0)$ を原点の周りに反時計回りに θ 回転した点の座標を $(\cos(\theta), \sin(\theta))$ と表わします。これを使えば，2つのベクトル A と B の内積は，

　　　(Aの大きさ)×(Bの大きさ)×$\cos(\theta)$

と書くことができます。この $\cos(\theta)$ は，向きが一致しているかどうかによる効率のようなものです。

　もとより人間の能力は多次元です。それをたった2教科という単純なモデルで考えてみました。こんな単純なモデルでも，評価の軸を変えることによって，3人の順位が変わることを示すことができました。東洋先生は『子どもの能力と教育評価』（UP選書）で，子どもに適した評価の軸を探すことが「愛深い評価」であると記されています。大学入試では，合格・不合格の間の境界をどこかに決めないとなりません。だから評価の観点を固定して，その評価の観点と受験生の資質との内積で順位を決めます。ここでの順位とはある評価の観点による順位であるにすぎません。しかし，少なくとも「我々はどのような軸

で受験生を評価するのか」という軸を明示することは、大学側、つまり受験生を募集する側に求められることだと思います。

◉相関係数の絶対値が1以下である別証

n人の変量X（例えば英語の得点）の標準得点を並べたn次元ベクトル、$\vec{x}=(x_1, x_2, \cdots, x_n)$を考えます。同様に同じ人の変量Y（例えば数学の得点）に関して、出席番号kの人の標準得点をy_kのように表わして、これらn個全部を順に並べたn次元ベクトル$\vec{y}=(y_1, y_2, \cdots, y_n)$を考えます。すると、XとYとの相関係数は、2つのベクトルの内積を利用して、$\frac{1}{n} \times (\vec{x} \cdot \vec{y})$と書くことができます。

内積は、（2つのベクトルの大きさの積）・$\cos(\theta)$でした。ベクトルの大きさは、それぞれのデータが標準得点であったことから分散の1となります。このことからも、相関係数の絶対値が1以下であることを示すことができます。

◉行列

表6-2では、配点を表わす表と正答率を表わす表から、得点を表わす表を作る方法について考えました。繰り返しで恐縮ですが、一般に、（配点）×（正答率）が得点です。さきほどは教科を各成分としてベクトルを考えましたが、このベクトルも束ねて表全体を1つの計算の対象として見てしまいましょう。このように縦横の長方形状に数を並べたものを「行列」と言い

ます。表6-2の空欄を埋めることは，配点行列に正答率行列を掛けて，得点行列を出したと解釈することができます。

$$\begin{pmatrix} 100 & 100 \\ 50 & 150 \\ 180 & 20 \end{pmatrix} \begin{pmatrix} 0.70 & 0.30 & 0.90 \\ 0.70 & 0.85 & 0.20 \end{pmatrix} = \begin{pmatrix} 140 & 115 & 110 \\ 140 & 142.5 & 75 \\ 140 & 71 & 166 \end{pmatrix}$$

(問1) 1次試験の得点と2次試験の得点とを単純に足して試験全体の得点とするモデルで，行列の足し算を考えましょう。

(問2) 1次試験と2次試験の重みを変えて，3:7の比で考慮することとすると，行列の実数倍を考える必要が出てきますね。

4 重積分と2変数の確率分布

◎2変数の確率分布

第1章で相関係数を扱いました。第3章では，積分を扱いました。ここでは相関係数に関する積分を扱います。

Q1：連立不等式 $-1 \leq x \leq +1$, $-1 \leq y \leq +1$, $-1 \leq x-y \leq +1$ で表わされる領域を D とする。また，$(x, y) = (a, b)$ での確率密度を $f(a, b)$ と表わす。

　　点 (x, y) が，領域 D に含まれているとき，
$$f(x, y) = k \quad (k は定数)$$
　　点 (x, y) が，領域 D に含まれてはいないとき，
$$f(x, y) = 0$$
であるという。次の問いに答えよ。
(1) 領域 D を図示せよ。　　(2) 定数 k の値を求めよ。
(3) $x = a$ となる確率密度を $f_1(a)$ と記すことにする。この関数 $f_1(x)$ のグラフを描け。

急に難しいことを言い始めたので，びっくりなさいましたか？　ごめんなさい。数学の成績と英語の成績との相関を考えるようなときの単純なモデルを出そうとしてこのようなことを考えてみたのです。ただ，設定がとっつきにくいので，少し丁寧に見ていきましょう。

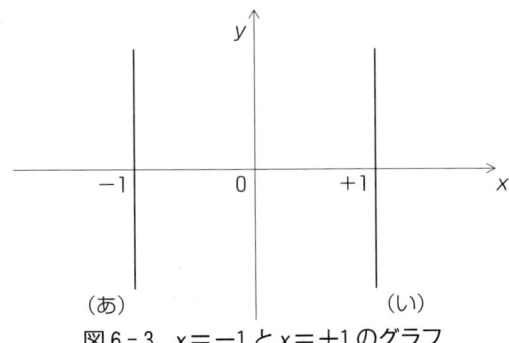

図6-3　$x=-1$ と $x=+1$ のグラフ

　まず（1）です。$-1 \leq x \leq +1$ という不等式ですが，$x=-1$ とは，図6-3で（あ）と記した左側の直線，$x=+1$ とは，（い）と記した直線です。この2つの直線の間を，x軸に垂直なままワイパーのように動くのですから，$-1 \leq x \leq +1$ という不等式で表わされるのは，図6-4のような2つの互いに平行な直線（あ），（い）にはさまれた部分になります。同じように，不等式 $-1 \leq y \leq +1$ で表わされる領域は，図6-5のように，水平な2つの直線に，はさまれた部分になります。

(あ)　　　　　　　　(い)

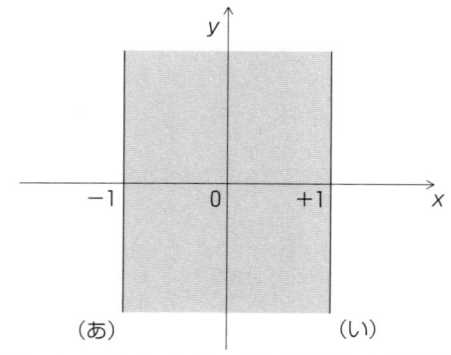

図6-4　不等式 $-1 \leqq x \leqq +1$ で表わされる領域

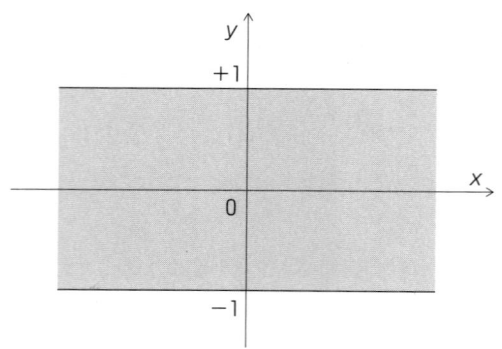

図6-5　不等式 $-1 \leqq y \leqq +1$ で表わされる領域

　さらに，不等式 $-1 \leqq x-y \leqq +1$ の表わす領域は，図6-6の斜めの直線，$x-y=-1, x-y=+1$ に，はさまれた部分になります。

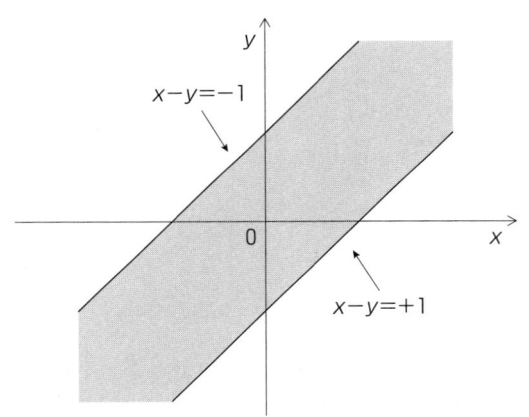

図6-6 $-1 \leqq x-y \leqq +1$で表わされる領域

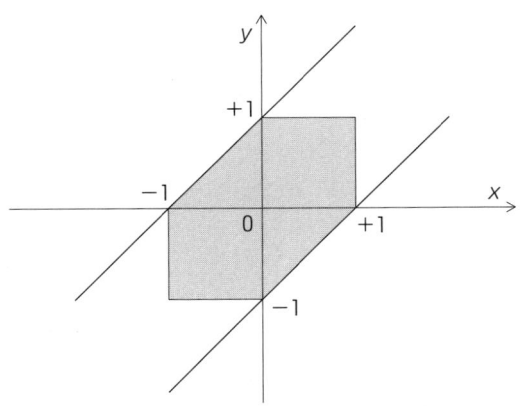

図6-7 3つに共通する部分が領域D

これらの領域に全部含まれている部分が領域Dなのです。さて、この六角形の領域ですが、数学の成績（x）と英語の成

績（y）とが，少し関連があるような確率分布を表わそうとしたものです。図6-8での#の部分は，数学が優秀なのに，英語の調子が悪い。$の部分は，逆に英語が優秀なのに，数学の調子が悪いことを表わしています。これらの部分を分布から削りとった形になっているのです。

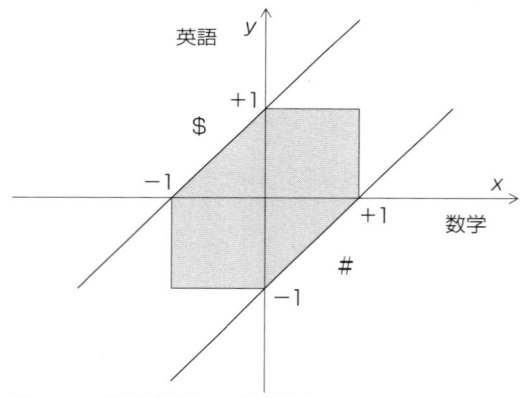

図6-8　数学と英語の成績分布，ごく簡単なモデル

本当は，平均あたりの分布を濃い目にしたいのですが，計算を簡単にさせるために，この領域 D の中では均等にしました。さて，**次は (2) です**。問題は，「(2) 定数 k の値を求めよ」でした。この k というのが，均等な確率分布の値です。この領域の面積全部で全ての場合をつくすという設定なので，この領域全部での確率は1です。この領域の中のそれぞれの点に確率密度があって，それが一定の値だというのです。

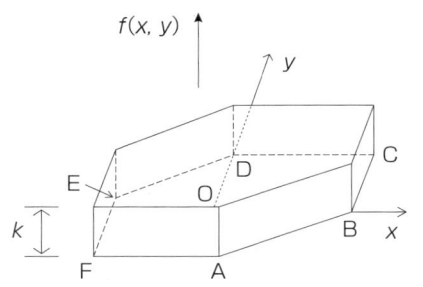

図6-9 確率密度をz方向にとって分布を表わす

　以前，変数xに対する確率密度$f(x)$をy座標の値として表わしました。この場合はxの値がある区間に含まれる確率はx軸と確率分布のグラフとで囲まれた部分の面積でした。今度は，変数が2つになりました。確率密度を3番目のz方向にとりましょう。すると，高さkの六角柱の体積が，全ての場合に相当する確率1にあたります。

　この六角柱の体積。底面積は，△OAB，△ODEがそれぞれ面積が0.5，正方形OBCD，OEFAがそれぞれ1ですから，合わせて3です。高さがkですから，体積は$3k$。そこで，$3k=1$。これを解いて，$k=\dfrac{1}{3}$であることがわかります。

　さて，次の問題は，「**(3) $x=a$となる確率密度を$f_1(a)$と記すことにする。この関数$f_1(x)$のグラフを描け**」でした。いろいろな成績をとる場合が考えられますが，数学の成績（x）がaだというのです。先ほどの六角柱で言えば，$x=a$というのは，x軸に垂直な平面ですが，これで六角柱を切ったときの断

面を図6-10に描いてみました。

　この断面の様子をより正確に描くために，真上からの図を描いてみます。図6-11がそれです。二重線にしたところが，$x=a$ で切った断面です。下の端は，直線 $y=x-1$ との交点ですから，x 座標の a を使って，y 座標がわかりますね。$y=x-1$ へ $x=a$ を代入して，$a-1$ です。

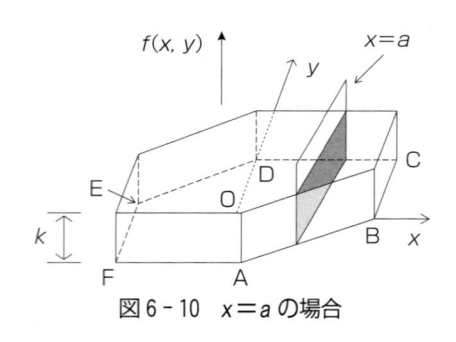

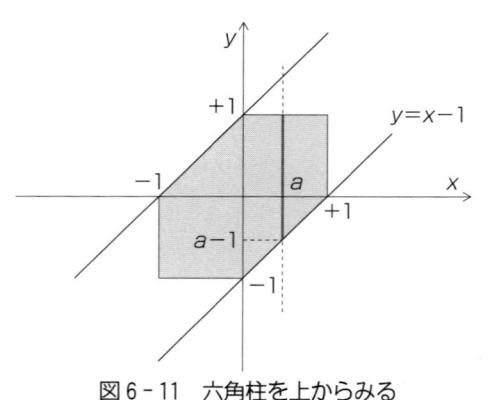

図6-10　$x=a$ の場合

図6-11　六角柱を上からみる

このことから，この断面は，図6-12のようになることがわかります。

この断面積が，$x=a$ であるときの確率密度 $f_1(a)$ に当たります。この断面は，縦の長さ $\frac{1}{3}$。横は，この場合 $y=a-1$ から，$y=+1$ までですから，$+1-(a-1)=2-a$ になります。そこで，断面積は，$\frac{2-a}{3}$。

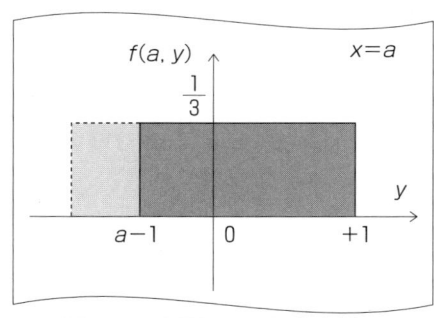

図6-12 平面 $x=a$ による断面

これを積分記号で書くと，$\int_{a-1}^{+1} f(a, y) dy = \int_{a-1}^{+1} \frac{1}{3} dy = \frac{2-a}{3}$ となります。$x \geq 0$ のときは，$f_1(x) = \frac{2-x}{3}$。

実は $a<0$ のときは，図6-13のようになります。このときも断面は縦の長さが $\frac{1}{3}$ の長方形ですが，横は，$y=-1$ から，$y=a+1$ までなので，長さは $2+a$。そのため，$x<0$ のときは，$f_1(x) = \frac{2+x}{3}$ となります。

図 6-13　$a<0$ のときの図

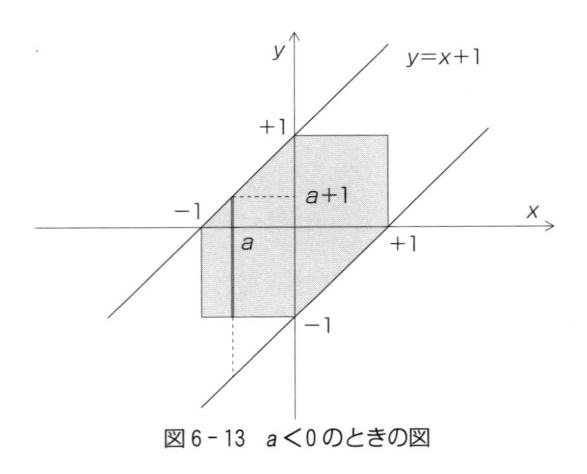

そこで，この 2 つの場合を合わせてグラフを描くと，図 6-14 になります。

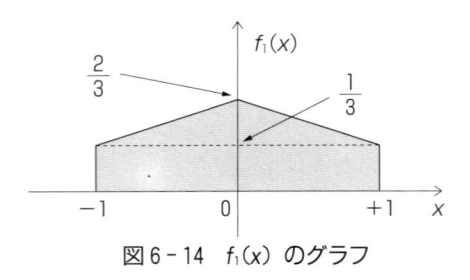

図 6-14　$f_1(x)$ のグラフ

これも，確率密度です。区別する必要のあるときには，$f(x, y)$ の方を「同時密度」，$f_1(x)$ の方を「周辺密度」と呼ぶこともあります。x のときと同様に，$y=b$ となる確率密度を $f_2(b)$ と

表わせたとすると, y によって確率密度がどのように変わるのかを表わす関数 $f_2(y)$ を考えることもできます。これらも確率密度ですから, 全ての場合を積分すると, 確率全体 1 になります。図 6-14 の場合, $\int_{-\infty}^{+\infty} f_1(x) dx = \int_{-1}^{+1} f_1(x) dx = 1$。また, $\int_{-\infty}^{+\infty} f_2(y) dy = 1$ でもあります。

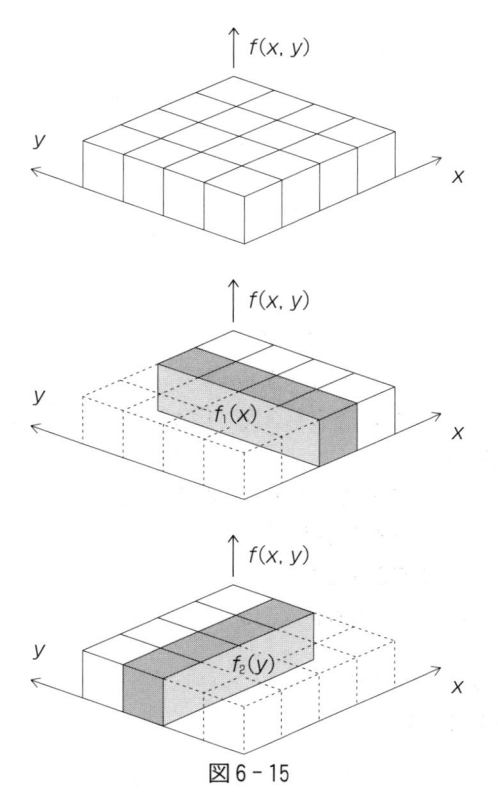

図 6-15

手順をやや詳しく見てきましたが，その要領を式で表わすと，

$$\int_{-\infty}^{+\infty} f(x,y)dy = f_1(x), \qquad \int_{-\infty}^{+\infty} f(x,y)dx = f_2(y)$$

となります。$f(x, y)$ は，x-y 平面（$z=0$）にさした竹ヒゴの高さのようなものと思って下さい。それを y 方向に積分すれば，x 軸に垂直な平面で切ったときの断面積になります。この断面積をさらに x 方向に積分すれば，体積。この場合には全体を表わす確率ですから 1 になります。

さて，実はこの Q1，続きがあるのです。

> **Q1の続き：**
> (4) x の平均 μ_x を求めよ。
> (5) x の標準偏差 σ_x を求めよ。
> (6) $y=0.5$ のときの条件付き確率密度 $f_{y=0.5}(x)$ のグラフを描け。
> (7) $y=0.5$ のときの x の平均を求めよ。
> (8) y の平均を求めよ。
> (9) y の標準偏差を求めよ。
> (10) x と y との相関係数を求めよ。

(4) 平均は，（階級値）×（その階級になる確率）を全て足し合わせたものでした。全てといっても，x は -1 から $+1$ までしかありません。ですから，この場合，$\mu_x = \int_{-1}^{+1} x f(x) dx$ と，

式で表わせます。ところが，$f(x)$ を表わすには，x の正負で場合分けをする必要がありました。そこで，積分する範囲を2つに分けて，

$$\mu_x = \int_{-1}^{0} \left(x \cdot \frac{2+x}{3}\right) dx + \int_{0}^{+1} \left(x \cdot \frac{2-x}{3}\right) dx$$

と表わすことになります。こうして，式で計算してもよいのですが，ここでは，せっかく**図6-14**を描いたのですから，じっと眺めて答えを出してしまいましょう。この図形の釣り合いの位置が平均なのですから，…そうなんです。y 軸に関して対称な図形ですから，平均は0になります。$\mu_x = 0$ です。

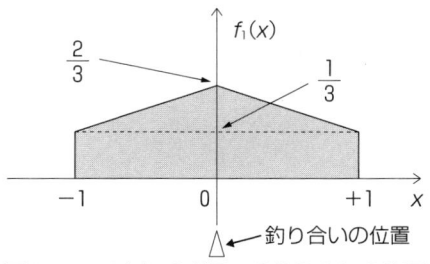

図6-16　$f_1(x)$ のグラフの釣り合いの位置

(5) 標準偏差 σ_x。この σ は Σ の小文字ですから，s に相当するギリシャ文字です。定義は，$\sigma_x^2 = \int_{-\infty}^{+\infty} (x - \mu_x)^2 f_1(x) dx$。両端の $f_1(x)$ の値が0だったり，平均 μ_x の値が0だったりするので，$\sigma_x^2 = \int_{-1}^{0} \left(x^2 \cdot \frac{2+x}{3}\right) dx + \int_{0}^{+1} \left(x^2 \cdot \frac{2-x}{3}\right) dx$

$$= \frac{2}{3}\int_{-1}^{+1} x^2 dx + \frac{1}{3}\int_{-1}^{0} x^3 dx - \frac{1}{3}\int_{0}^{+1} x^3 dx$$

$$= \frac{4}{9} - \frac{1}{6} = \frac{5}{18} \quad \text{となります。}$$

そこで，$\sigma_x = \sqrt{\dfrac{5}{18}} = \sqrt{\dfrac{10}{36}} = \dfrac{1}{6}\sqrt{10} \fallingdotseq 0.53$。ややごつい計算になりましたが，標準偏差を求めることができました。

(6) $y=0.5$ のときの条件付き確率密度 $f_{y=0.5}(x)$ のグラフを描け。

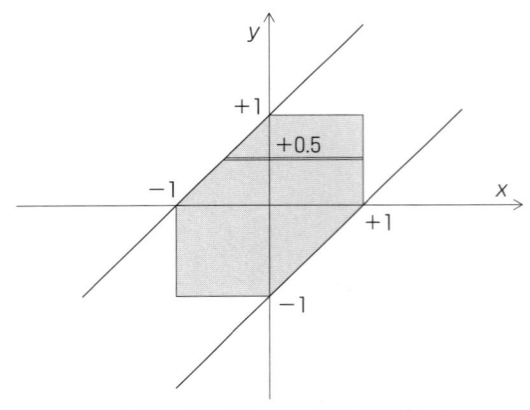

図 6-17　平面 $y=0.5$ での断面

「条件付き」というのは，この六角柱の分布全部を考えるのではなしに，平面 $y=0.5$ での断面だけを考えなさいという意味です。（→ p. 202：補注 **2**）図 6-17 に二重線で示した部分です。これの実際の形を真正面から見ると，図 6-18 のようになります。

図6-18 消えた確率密度

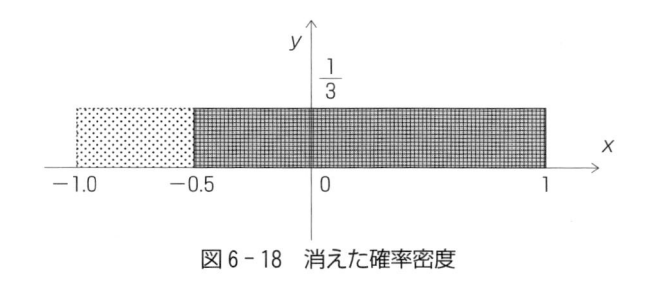

普通なら x が正になる確率と負になる確率は同じです。だから平均が0になったのですが，ここでは，$y=0.5$ という条件のお蔭で，-1.0 から -0.5 の図では打点部分の可能性が無くなっています。可能性のあるのは，-0.5 から $+1.0$ までの格子縞部分です。「この部分の確率密度は，$\frac{1}{3}$ かぁ」ですって？ ちょっと待って下さい。

確率密度は考えられる全ての場合を積分すると，1になりますが，この図6-18の場合，格子縞部分は，縦が $\frac{1}{3}$，横が $\frac{3}{2}$ の長方形ですから，到底，積分，つまり面積は1にはなりません。条件付き確率とは，その条件に合う確率に対する，考えていることが起こる確率の割合です。そこでこの場合の，条件付き確率密度も，$y=0.5$ となる確率に対する確率密度の割合。言い換えると断面積を1とみたときの値を考えないとならないのです。

平面 $y=0.5$ での断面積全体は，$\frac{1}{3} \times \frac{3}{2} = \frac{1}{2}$。例えば x が正になる部分の面積は，$\frac{1}{3} \times 1 = \frac{1}{3}$ なので，$y=0.5$ であるという

数式が必要な人のために

条件のもとで x が正である条件付き確率は，後者を前者で割った，$\frac{1}{3} \div \frac{1}{2} = \frac{2}{3}$。

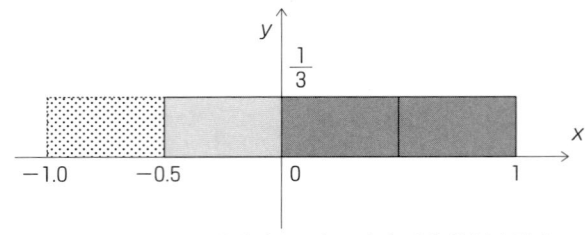

図6-19　$y=0.5$ のときに $x>0$ となる条件付き確率

この場合も，$y=0.5$ での確率密度 $f(x, 0.5) = \frac{1}{3}$ を，$y=0.5$ である確率密度 $f_2(0.5)$ で割ったものが，$y=0.5$ であるという条件付きの確率密度 $f_{y=0.5}(x)$ になる。式で書けば，$f(x, 0.5) = f_2(0.5) \times f_{y=0.5}(x)$ という関係にあるのです。あ，ところで，$f_2(0.5)$ の値は何でしたっけ？　実はこの分布は直線 $x=y$ に関して対称ですから，x と y との立場を変えても条件は同じです。すでに $f_1(x)$ のグラフを，図6-14として描いてありますが，$f_2(y)$ のグラフもこれと同じ。

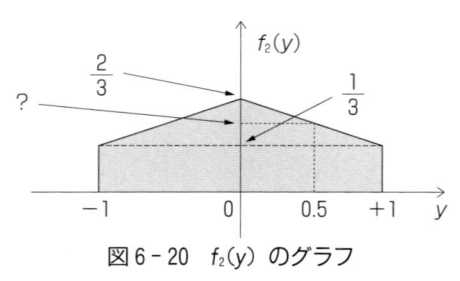

図6-20　$f_2(y)$ のグラフ

そこで，図6-20で？の値を読み取れば，$f_2(0.5) = \frac{1}{2}$。結局，

$$f_{y=0.5}(x) = \frac{f(x, 0.5)}{f_2(0.5)} = \frac{1/3}{1/2} = \frac{2}{3}$$

という結果になります。例えば，$y=0.5$ の条件のもとで，x がマイナスになる条件付き確率 P は，

$$P = \int_{-\infty}^{0} f_{y=0.5}(x)dx = \int_{-0.5}^{0} f_{y=0.5}(x)dx = \int_{-0.5}^{0} \frac{2}{3}dx = \frac{1}{2} \times \frac{2}{3} = \frac{1}{3}$$

として計算できます。

さて，次の問題は，(7) **$y=0.5$ のときの x の平均を求めよ。** でした。再度，(階級値)×(その階級になる確率) を思い出して，

$$\int_{-0.5}^{1} \bigl(x \cdot f_{y=0.5}(x)\bigr)dx = \frac{2}{3}\int_{-0.5}^{1} x\,dx = \frac{2}{3} \times \frac{1}{2}\{1^2 - (-0.5)^2\}$$
$$= \frac{2 \cdot 1 \cdot 3}{3 \cdot 2 \cdot 4} = \frac{1}{4}$$

となります。なるほど確かに，図6-21では，$x=\frac{1}{4}$ あたりで釣り合いそうですね。

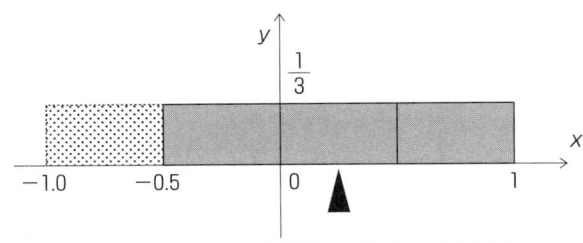

図6-21　$y=0.5$ での断面の釣り合いの位置

(8) y の平均を求めよ。　　(9) y の標準偏差を求めよ。

これは，あっさり済ませましょう。実はさきほど，すごいヒントを差し上げています。そうです，「この分布は直線 $x=y$ に関して対称ですから，x と y との立場を変えても条件は同じ」ですから，

$$\mu_y = \mu_x = 0, \quad s_y = s_x = \frac{\sqrt{10}}{6}$$

となります。

さて，この Q1 最後の難所です。**(10) x と y との相関係数を求めよ**。相関係数 ρ はそれぞれの変量の Z スコアの積を平均したものでした。でも，実際の計算では，共分散公式，

$$\sigma_x \cdot \sigma_y \cdot r = (xy \text{ の平均}) - \mu_x \cdot \mu_y$$

を用いる計算が簡単になることが多いようです。これまでの結果を代入してみると，

$$\frac{\sqrt{10}}{6} \cdot \frac{\sqrt{10}}{6} \cdot r = (xy \text{ の平均}) - 0 \cdot 0$$

となります。r について整理すると，

$$r = \frac{18}{5} \times (xy \text{ の平均})$$

なので，(xy の平均) を求めることに専念しましょう。繰り返しになりますが，(階級値)×(その階級になる確率) です。確率は，区間の広さに確率密度を掛けたものですが，この場合の区間とは，積 xy を考えている点の周りの横 dx，縦 dy の長方

形の面積になります。

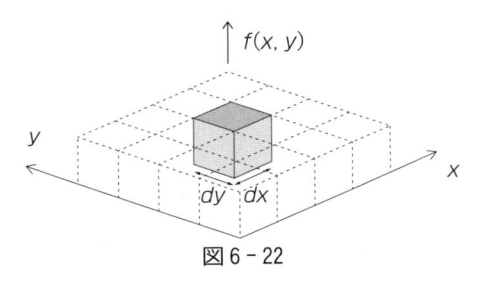

図6-22

　さて，積分する範囲ですが，値のある領域 D に関して考えればよいでしょう。とりあえずのメモとして，この領域で積分しますよと，積分記号の近くに D と書く書きかたがあります。

$$\int_D xy \cdot f(x,y) \, dx dy$$

　実際に積分するにあたっては，x 方向にまず積分して，y 軸に垂直な平面による断面積を求めて，それをまた積分する（重積分と言います）ので，$\int$ を2つ並べて，括弧の対応のように内側の $\int$ に積分する x の区間，外側の $\int$ に y の区間を記すこともあります。

$$\int_\square^\square \int_\circ^\circ \bigl(xy \cdot f(x,y)\bigr) \underline{dx} \underline{dy}$$

（xy の平均）$= \displaystyle\int_D \bigl(xy \cdot f(x,y)\bigr) dx dy$
$\displaystyle = \int_{-1}^{0} \int_{-1}^{y+1} \bigl(xy \cdot f(x,y)\bigr) dx dy + \int_{0}^{+1} \int_{y-1}^{+1} \bigl(xy \cdot f(x,y)\bigr) dx dy$

2つに分かれてしまいました。はじめのものが，$y<0$ の部分，あとのものが，$y \geqq 0$ の部分です。

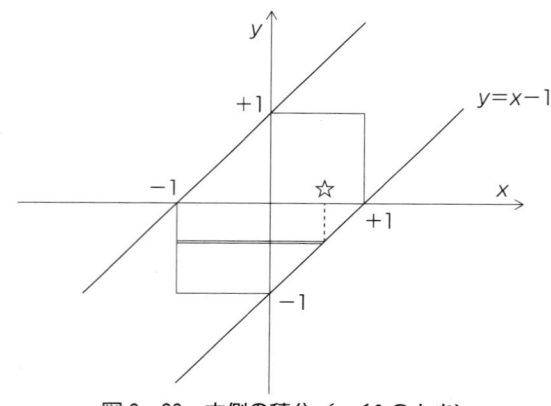

図6-23　内側の積分（$y<0$ のとき）

まずはじめのものを見てみましょう。二重線の部分が y 軸に垂直な平面での断面を表わしています。この部分の断面に関する積分が，内側の積分，$\int_{-1}^{☆} (xy \cdot f(x, y)) dx$ です。この☆とは，二重線の右端の x 座標です。これは，直線 $y=x-1$ に含まれているので，x について解いて，$x=y+1$ と，y の値から x を求めることができます。

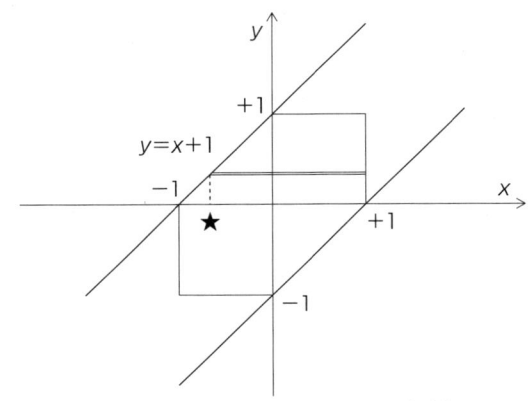

図6-24 内側の積分（$y \geqq 0$ のとき）

同じように，$y \geqq 0$ のときには，図6-24のようになりますが，★の値はyの値によって決まり，★$=y-1$となっています。さて，実際の計算に入りましょう。この領域では$f(x, y) = \dfrac{1}{3}$でした。その積分の中で変化しないものは定数として，積分の外に出すと見通しがよくなります。

$$(xy \text{ の平均}) = \int_{-1}^{0}\int_{-1}^{y+1}\left(xy \cdot \frac{1}{3}\right)dxdy + \int_{0}^{+1}\int_{y-1}^{+1}\left(xy \cdot \frac{1}{3}\right)dxdy$$

$$= \frac{1}{3}\int_{-1}^{0} y \int_{-1}^{y+1} x\, dx \cdot dy + \frac{1}{3}\int_{0}^{+1} y \int_{y-1}^{+1} x\, dx \cdot dy$$

$$= \frac{1}{3}\int_{-1}^{0}\left(y \cdot \frac{1}{2}\{(y+1)^2 - (-1)^2\}\right)dy + \frac{1}{3}\int_{0}^{+1}\left(y \cdot \frac{1}{2}\{1^2 - (y-1)^2\}\right)dy$$

$$= \frac{1}{6}\int_{-1}^{0}(y^3 + 2y^2)\, dy - \frac{1}{6}\int_{0}^{1}(y^3 - 2y^2)\, dy$$

$$= \frac{1}{6}\left\{\frac{1}{4}(0^4-(-1)^4)+\frac{2}{3}(0^3-(-1)^3)\right\}$$
$$-\frac{1}{6}\left\{\frac{1}{4}(1^4-0^4)-\frac{2}{3}(1^3-0^3)\right\}$$
$$=\frac{5}{36}$$

そこで，相関係数は，$\rho = \frac{5}{36} \times \frac{18}{5} = \frac{1}{2}$。長い計算の割には気抜けするほど単純な結果になりました。

5 二項分布

❺場合の数

壱郎，次郎，三郎，史郎，吾郎の5人しかいないサークルで，会長，会計，書記を決める決めかたは，まず会長の選びかたは5人から1人を選ぶ選びかたで5通り。そのそれぞれに関して次に会計を残り4人の中から選ぶ選びかたを考え，さらに，そのそれぞれの場合に，残り3人の中から書記を選ぶ選びかたを考えるのですから，$5\times 4\times 3=60$ 通りあることになります。

一般に，n 個のものから k 個選んで並べる並べかたは，
$$n(n-1)(n-2)\cdots(n-k+1) \text{ 通り}$$
で，この場合の数（順列）を，${}_n\mathrm{P}_k$ と書くことがあります。

Q1: 頂点が全て，正8角形ABCDEFGHの頂点のうちのどれかである三角形は何通りか。合同でも位置が違えば別の三角形とみなす。

　この場合，8枚のカードから3枚選んで並べる順列，
$$_8P_3 = 8 \times 7 \times 6 = 336 \text{（通り）}$$
のような気もしますが，実は，三角形BCAとは，三角形ABCのことです。同じように，

ABC, ACB, BAC, BCA, CAB, CBA

の6つは（アルファベット順に並べると）△ABCと同じものであることがわかります。つまり△ABCはこの6通りを代表しているのです。

　336通りは，このようにそれぞれの三角形について，各頂点の並べかたの数　$_3P_3 = 6$ 回　ずつ数えた結果なので，実際の三角形の数は，これを6で割った，$336 \div 6 = 56$（通り）です。

　この場合，△BCAは，3つの頂点A, B, Cを選んでから並べたと考えれば，3つの頂点の選びかたそれぞれに3つを並べる並べかたがあります。8つの中から3つ選ぶ選びかたをL通りとおくと，
$$_8P_3 = L \times {_3P_3} \quad \text{なので，} \quad L = \frac{_8P_3}{_3P_3}$$
となります。一般にn個の中からk個のものを選ぶ選びかた（組み合わせ）を，$_nC_k$と書くことがありますが，$_nC_k = \frac{_nP_k}{_kP_k}$ と

数式が必要な人のために　175

いう関係があります。

また，${}_nP_n$ のことを，$n!$ と書くことがあります。$0!=1$ です。何も並べないという並べかたを1通りと数えるのです。

$$n! = n(n-1)(n-2) \cdots 3 \cdot 2 \cdot 1$$

$${}_nP_k = \frac{n!}{(n-k)!}, \quad {}_nC_k = \frac{n!}{(n-k)!k!}$$

このように並べてみると，n 人のラインダンスの踊り子を楽屋に並べておくのが，$n!$。そのまま先頭の k 人が舞台で踊ってと言えば，残りの $(n-k)$ 人は休憩だと思って並びかたが乱れるでしょうから，$(n-k)!$ 通りの代表を，舞台に選ばれた踊り子の並びかた1つがすることになるでしょう。また，単に舞台に出るだけで順番を考えないとすれば，選ばれるか，選ばれないか，境よりも前か後かだけが重要となるので，境よりも前の k 人の並びかたも無視できるようになる。このように，一定の数のものを同じとみなして1通りとして代表させる場合は，割り算を使って場合の数を数えることもできます。

Q2：夫妻，長男，長女，次男の5人家族が記念写真のために1列に並ぶ。
  (1) 両端に必ず親がいる並びかた。
  (2) 両端のどちらにも親がいない並びかた。
  (3) 端に少なくとも1人親がいる並びかた。

(1) まず，両親の場所を考えましょう。左端が父で右端が母か，

その逆かなので2通り。残りの3つの場所に，子どもが並ぶ並びかたは，3!=6。だから，全体では，2×6=12通り。

(2) まず，両端以外の場所に親が並びます。$_3P_2$。残りの3つの場所に子ども3人が並び，3!。全体では，$_3P_2 \cdot 3! = 36$（通り）。

(3) これは，「少なくとも1人は」の否定は，「全然いない」ということですから，**引き算**を使います。

5人の並びかた全体は，5!=120通り。そのうち求める「少なくとも1人は」という条件を満たさないのは，直前の（2）の場合なので，

$$120 - 36 = 84（通り）$$

⑥ 独立と従属

> Q3：トランプのハートとダイヤと合わせて26枚のうちから，2枚取ったときの和が偶数である確率を求めてみましょう。なお，A, J, Q, Kはそれぞれ，1, 11, 12, 13とみなします。

1枚目のトランプが偶数だと，残っているトランプ25枚のうち，奇数ははじめと変わらず14枚ですが，偶数は11枚になるので，1枚目が偶数であるかどうかで，2枚目の確率が違ってきます。

2枚のトランプの和が偶数とは，（偶数）+（偶数）の場合と，（奇数）+（奇数）の場合とがあります。1枚目のカードの数の

状態を横，2枚目のカードの数の状態を縦で表わすと，図6-25の正方形の■部分の面積として，確率を表わすことができます。

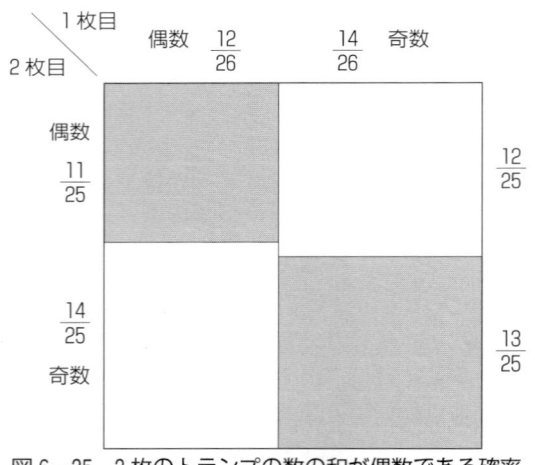

```
           1枚目
              偶数  12/26      14/26  奇数
     2枚目
     偶数
     11/25                               12/25

     14/25                               13/25
     奇数
```

図6-25　2枚のトランプの数の和が偶数である確率

1番目のできごとで横を分けて，2番目のできごとで縦を分けるような場合，他方が一方の結果の影響を受けて確率が変わってしまうことを「従属」，変わらないことを「独立」と言います。「独立」は確率とか統計とかを考える上でとても重要な概念です。例えば，ある病気の発症原因を調べるのに，ある地域に住んだことがある場合に，その病気になりやすいとすると，その地域特有の何かが原因である可能性が高くなります。そこで，独立かどうかの判定をする必要が生ずるのです。

独立と従属の違いを説明するために，問題を扱っておきましょう。

Q4：サイコロで，4以上と，偶数とは独立か？ また，3以上と偶数は独立か？

サイコロの目が偶数である確率は，$\frac{1}{2}$。4以上の場合では，4, 5, 6のうちで，偶数なのは4, 6ですから，この場合の条件付き確率は，$\frac{2}{3}$。条件付き確率が，一般的な確率と異なるので従属です。

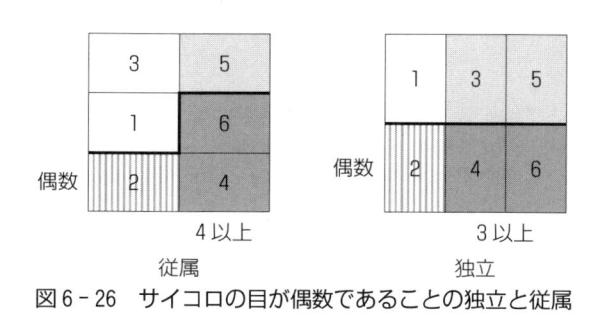

図6-26 サイコロの目が偶数であることの独立と従属

1番目のできごとで横を分けて，2番目のできごとで縦を分けたのですが，水平の線がとぎれずに端から端まで引かれる場合と，とぎれる場合とがあります。端から端まで引かれる場合，1番目のできごとと，2番目のできごととは互いに独立で，とぎれる場合は従属です。

灰色が濃い部分の面積も確率を表わしていますが，正方形の

縦の辺の一部である線分の長さも確率を表わしています。従属の場合，偶数である確率といっても値がそれぞれ違いますから，右側の水平線の高さを，「サイコロの目が4以上であったときにその目が偶数である条件付き確率」と言うことがあります。

❺ 確率を求めるあの手この手

Q5：白石5個，黒石5個をでたらめに並べるとき，両端に白があるように並ぶ確率を求めよ。

解1

まず両端に白を置いて，残りの白3個，黒5個の並べかたは，8つの場所から，白のための場所3つを選ぶ選びかたなので，$_8C_3$。全体の場合の数は，$_{10}C_5$ なので，求める確率は，

$$\frac{_8C_3}{_{10}C_5} = \frac{8 \cdot 7 \cdot 6}{3 \cdot 2 \cdot 1} \cdot \frac{5 \cdot 4 \cdot 3 \cdot 2 \cdot 1}{10 \cdot 9 \cdot 8 \cdot 7 \cdot 6} = \frac{2}{9}$$

解2

こんな解きかたをした学生さんもいます。なるほどと思いました。白石を，いくこ，ふみよ，みちこ，よしえ，いつみの5人の女の子。黒石を太郎，次郎，三郎，司郎，吾郎の5人の男の子と見て，両端に女の子が並ぶと考えたのです。全体の並びかたは，10! 通りです。

条件に合う並びかたは，両端の女の子の並びかたは $_5P_2$。あ

との8人の並びかたは，8!通りなので，$\{5 \times 4 \times (8!)\} \div (10!)$。$10! = 10 \times 9 \times (8!)$なので，8!がすぐに約分できます。

解3

実は，まずはじめに両端へ玉を置くことにすれば，条件を満たすかどうかは，2つ目を置いた時点でわかります。一番はじめに左端の玉を置くことにして，それが白の確率は，$\frac{5}{10}$。次に，右端を置くことにします。

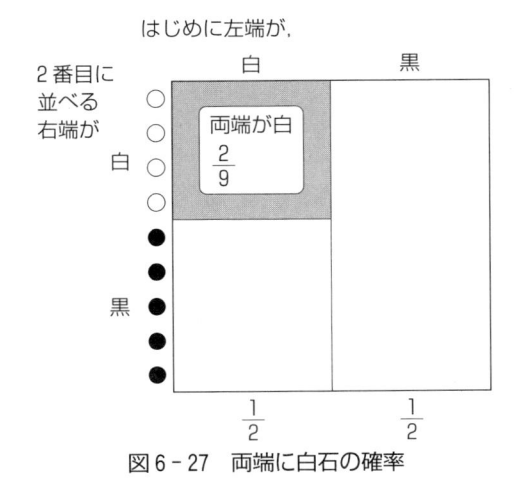

図6-27 両端に白石の確率

残り白4つ，黒5つの計9つから，1つ選んで，白が選ばれる確率は，$\frac{4}{9}$。ここまで決まったらあとはどう置いても条件を満たします。どちらの条件も満たすのは，

$$\frac{5}{10} \cdot \frac{4}{9} = \frac{2}{9}$$

　解3の方を丁寧に書きましたから，手間がかかるように見えますが，計算は，断然「解1」より「解3」の方が楽です。ちょうど解2の約分を式を立てる以前にしてしまったようなものです。解3では，両端だけ考えてそれで考えるのをやめたのですが，解1では，条件を満たさないものの個数までを考えてから，割合を考えているからです。

　もちろん，解3の方がお勧めです。このように発想の違いによって，確率の計算がガラッと変わります。

◉役の出来るプロセス

> Q6：曜日は日，月，火，水，…と土曜日までの7つありますから，何曜日に生まれたのかも7通りあります。どの曜日になるかが同じように確からしいとすると，それぞれの曜日が誕生日である確率は $\frac{1}{7}$ です。5人の子どもがいて，それぞれの誕生日の曜日が全て異なる確率は？

　コツは，一度に事件を起こすのではなくて，ひとりひとりに誕生日を聞いていくようなプロセスを踏むことです。5人の子どもに1番から5番までの背番号を付けてもらいます。まず，1番の子に生まれたのは何曜日？と聞いてみましょう。実は，何曜日でも事件は起こりません。でも，その曜日をメモしてお

きましょう。

```
                    ┌──────┐
                    │ 開始 │
                    └──────┘
                        │
                        ↓
                1番の子に聞く
                        ╲
                         ╲ 7/7
                          ↓
                   2番の子に聞く
              1番に一致 ╱       ╲ 6/7：1番以外
                 1/7 ╱           ╲
                    ↓             ↓
                    ×       3番の子に聞く
                1番か2番に ╱       ╲ 5/7：1番・2番以外
                一致   2/7 ╱         ╲
                          ↓           ↓
                          ×       4番の子に聞く
                      1番か2番か ╱      ╲ 4/7：1番〜3番以外
                      3番に      ╱        ╲
                      一致   3/7 ↓          ↓
                                ×      5番の子に聞く
                            これまでの  ╱       ╲ 3/7：これまでの
                            4人の誰か ╱           ╲ 4人以外
                            に一致 4/7 ↓            ↓
                                       ×      ┌──────────┐
                                              │ 問題の条件 │
                                              └──────────┘
```

図 6-28　5 人の曜日が違う確率

2 番の子に聞いてみます。このとき，1 番の子と同じ曜日を答えたら，「全て異なる」期待はあえなく裏切られます。でも，$\frac{6}{7}$ の確率で期待を次につなげることができます。3 番の子に

聞くときは，1番の子と同じでも，2番の子と同じでも，「全て異なる」ようにさせる計画は崩壊します。この様子を上から下へ図で表わしてみましょう。

そこで，たどった矢線についた確率を掛け合わせて，

$$\frac{7}{7} \cdot \frac{6}{7} \cdot \frac{5}{7} \cdot \frac{4}{7} \cdot \frac{3}{7} = \frac{360}{2401} \fallingdotseq 0.1499$$

となります。

Q7：5人の子どもがいて，誕生日の曜日が互いに同じペアがちょうど1組ある確率は？

さあ，これはどうでしょうね。式だけでいいので，書いてみて下さい。図6-28とにらめっこすると，

$$\frac{7}{7} \cdot \frac{1}{7} \cdot \frac{6}{7} \cdot \frac{5}{7} \cdot \frac{4}{7} \quad \cdots (1)$$

という式が出てきそうですね。でも，これは，1番の子と，2番の子の曜日が同じで，他は異なり，しかも，他の子どもは互いにも異なることになる確率ですね。

曜日が互いに同じペアは，1番と2番でしか作れないってことはないですね。例えば，1番と3番でペアを作るとすると，式は，

$$\frac{7}{7} \cdot \frac{6}{7} \cdot \frac{1}{7} \cdot \frac{5}{7} \cdot \frac{4}{7} \quad \cdots (2)$$

となりますね。でも，掛け算は，順番を変えても値は同じなの

です。つまり，場合分けをして，

　　1) 1番と2番とがペアの場合。
　　2) 1番と3番とがペアの場合。
　　3) 1番と4番とがペアの場合。
　　　　　…
　　?) 4番と5番とがペアの場合。

となるのですが，それぞれの場合の確率が，$\frac{7}{7} \cdot \frac{1}{7} \cdot \frac{6}{7} \cdot \frac{5}{7} \cdot \frac{4}{7}$。つまり，$\frac{1}{7} \cdot \frac{6}{7} \cdot \frac{5}{7} \cdot \frac{4}{7}$ なのです。ちなみに，「?」と記したところは何が入るのでしょう。

そうですね。5人の子どもから，ペアを作る2人を選ぶのですから，$_5C_2 = 10$ ですね。10通りの場合分けをしてそれぞれの確率が，$\frac{1}{7} \cdot \frac{6}{7} \cdot \frac{5}{7} \cdot \frac{4}{7}$ なので，求める確率は，

$$\frac{10}{7} \cdot \frac{6}{7} \cdot \frac{5}{7} \cdot \frac{4}{7} = \frac{1200}{2401} \fallingdotseq 0.49979$$

> Q8：10題の三択式の小問からなるテストが出たが，全くわからないので，サイコロを転がして，1・2のときは（A），3・4のときは（B），5・6のときは（C）と，適当に答えた。つまりそれぞれの小問の正答率は $\frac{1}{3}$ である。このテストは，小問それぞれ10点の100点満点だが，ちょうど60点をとる確率を求めよ。

各問で，正解する確率が $\frac{1}{3}$，不正解の確率が $\frac{2}{3}$ です。同じ

ように考えると，第1問から第6問までを正解してあと4問が不正解の確率は，$\left(\frac{1}{3}\right)^6\left(\frac{2}{3}\right)^4$。ところが，これは条件を満たすひとつの場合にすぎません。同じ確率を持つ他の場合は，10問の中から正解である6題を選ぶ場合の数だけあります。つまり，${}_{10}C_6$（通り）。

だから求める確率は，

$${}_{10}C_6 \cdot \left(\frac{1}{3}\right)^6\left(\frac{2}{3}\right)^4 = \frac{1120}{19683} = 0.0569\cdots$$

5%を超えるのは意外と起こりやすいと思うべきか，それとも？

以上に長々と8題にわたって見てきましたが，目的に近づきつつあります。

> **Q9**：正答率がpで，n題あるテストで，ちょうどk題正解する確率を求めよ。ただし，それぞれの問題を正答する確率は互いに独立であるとする。

前問Q8を一般化しただけの問題ですから，

$${}_nC_k \times p^k(1-p)^{(n-k)}$$

と答えだけでわかっていただけると思います。こうして書いてみると，どのような点数が人数が多いのかグラフを描いてみることができそうです。これが第3章■に触れた二項分布なのでした。

ちなみに，${}_nC_k$のことを「二項係数」と言うことがあるので，

この分布は「二項分布」と呼ぶのですが，次の二項定理に因むものです。え？　どうしてこれが「二項定理」と呼ばれるかですって？　x と y と 2 つの項があるからですよ。

> 二項定理：$(x+y)^n$ を展開したときの，$x^k y^{n-k}$ の係数は，$_nC_k$。

（略証）

例えば $n=3$ のとき，展開して各項をアルファベット順に書けば，

$$(x+y)^3 = xxx + xxy + xyx + xyy$$
$$+ yxx + yxy + yyx + yyy$$

となるが，これらのうちで，交換法則を使って $x^2 y$ としてまとめられるものは，xxy, xyx, yxx。つまり，2 つの x と 1 つの y とを並べる並べかたの 3 通りある。そこで，

$$(x+y)^3 = {_3C_3} x^3 + {_3C_2} x^2 y + {_3C_1} xy^2 + {_3C_0} y^3$$

「二項」だけではなく次のような「多項定理」もあります。

> （多項定理の応用例）
> $(a+b+c)^9$ を展開したとき，$a^4 b^3 c^2$ の係数は，
> $$(9!) / (4! \times 3! \times 2!)$$

（略証）

$(9!)/(4! \times 3! \times 2!)$ とは，a と書かれた 4 本の旗と，b と書

かれた 3 本の旗，並びに，c と書かれた 2 本の旗の合計 9 本の旗の並べかたです。この数は，展開した結果を整理する際に，$a^4b^3c^2$ と同類項になる項の数と同じなのです。

COLUMN

大相撲の巴戦

図 6-28 のような状態遷移図を描こうとすると，困ってしまう例として，次のような問題があります。

> 大相撲では，15 戦終わって，一番勝ち数が多い力士が 3 人いたとき，巴戦と称する取り組みを行なわせて優勝を決めます。
> 2 名ずつ取り組みを行なっていくのですが，負けた力士は次の取り組みを休み，勝った力士はさっき休んでいた力士と取り組みを行ないます。初めて 2 連勝した力士が優勝です。
> 初めの取り組みで休んでいた力士が優勝する確率 p_C を求めなさい。なお，3 人の実力は伯仲しているので，それぞれの取り組みで勝つ確率は，0.5 とします。

力士を A, B, C として，はじめに C が休んでいたということにしましょう。はじめに A が勝ち，次には休んでいた C，その次にも休んでいた B，その次も休んでいた A と，全部直前に休んでいた力士が勝っていくと同じものが何度も出てきてしまう。全部の状態を描ききれません。

そこで，グルグル回るってことをそのまま描こうと割り切って，状態が変わる様子をグルグル回るような図にしてみました。

$\boxed{\text{X}}$ のような，角が丸い囲みは，X が優勝して終わるという意味です。

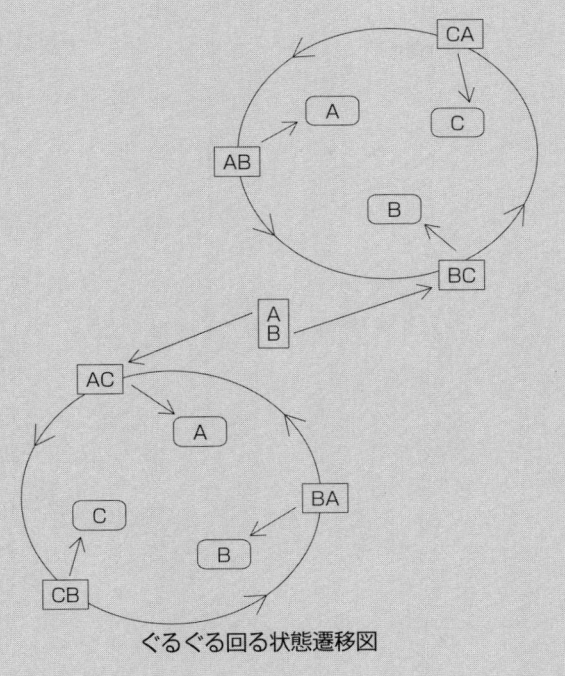

ぐるぐる回る状態遷移図

解） 直前に勝った力士が優勝する確率を x，直前に負けた力士が優勝する確率を y，さきほどは休んでいてこれから対戦する力士が優勝する確率を z とおきます。

例えば，$\boxed{\text{AC}}$ という状態にあったとして，A が優勝する確率は，この取り組みに A が勝ったときの 0.5 と，確率 0.5 で A が負けて，A が「直前に負けた力士」となってからの y との和で

すから，これを式に表わすと，$x = 0.5 + 0.5y$。あと2つ方程式を立てて連立させて求めることができます。（→ p. 204：補注 **3**）

　ちなみに，答えは，$\frac{2}{7}$。初めに取り組みをする力士が若干有利となります。

補充用語集

[か] ○ **慣性能率**

　力学に，ものの釣り合いの位置，重心という言葉があります。これは，質量の分布の平均に当たります。これと同じように，統計の分散は，力学では「慣性能率」という概念に相当します。ものの回しにくさを表わす量です。フィギュア・スケートで回るスピードを上げていくときには，広げていた腕を胴に近付けていきますが，これは身体の分布の分散を小さくするという意味を持ちます。

[き] ○ **期待度数**

　理論度数あるいは理論値のことを期待度数ということもあります。もとの言葉は，"expected" これを直訳して，平均値のことも「期待値」と訳すこともあります。ただ，地震が起こる確率など，あまり「期待」したくないことが起こる確率のことも扱いますので，中立的な用語を110ページでは使いました。

[さ] ○ **錯誤**

　統計の推定・検定では，危険率があります。健康診断でも，本当は健康なのに，病気と診断されたり，病気なのにそれを見

逃されたりする可能性がないわけではありません。

　本当は平均に違いはないのに，たまたま偏った標本が選ばれたために有意差があると判定してしまう錯誤（第1種の錯誤）。逆に母集団Aとは平均値が大きな種類である母集団Bから選んだ標本なのに，たまたま小さな標本が選ばれたために，有意差がないと判定してしまう錯誤（第2種の錯誤）がありえます。

　有意差がない場合，本当に有意な差がないこともあります。でも，調べた標本数が少ないために，その標本からは有意差を判定することはできないだけである場合もあります。有罪とは言えないけど，灰色の状態であるのです。そこで，「有意差が出るようにもっと標本を集めよう」という判断もありえるでしょう。

[せ] ○ **尖度**（せんど：kuytosis, coefficient of excess）
→わいど

[と] ○ （上／下に）**凸**
　正規分布のグラフは，平均の近くを接点として接線を描くと，接点の近くでは，接線はグラフの上になります。この状態を上に凸と言います。逆に両端では接線はグラフの下になりますが，これを下に凸と言います。

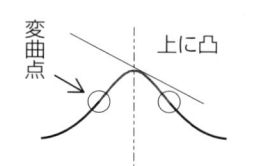

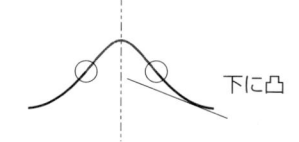

グラフ上の点で,「上に凸」と「下に凸」の境である点を変曲点と言います。正規分布のグラフは,線対称で対称軸の横座標は平均を表わしますが,変曲点からこの対称軸までの距離は,標準偏差に一致します。

[に] ○ 2次元正規分布

2つの変数 X, Y のそれぞれの Z スコアを x, y とします。この2つの変数の間の相関係数が ρ で,それぞれ正規分布をしているとき,
同時確率密度関数 $f(x, y)$ は,

$$f(x, y) = \frac{1}{2\pi\sqrt{1-\rho^2}} \exp\left\{-\frac{1}{2(1-\rho^2)}(x^2 - 2\rho xy + y^2)\right\}$$

となります。この式からわかるように,確率密度の等高線は楕円になり,ρ が0に近いほど円に近くなります。

[に] ○ 入試との相関

入試の成績 (X0) と入学してから1年たったときの成績 (X1) との相関係数は,1年たったときの成績 (X1) と2年たったときのもの (X2) との相関係数よりも低くなる傾向にあ

ります。それは，入試の受験者の中には不合格で1年たったときの試験の受験者にはならない人がいるからです。

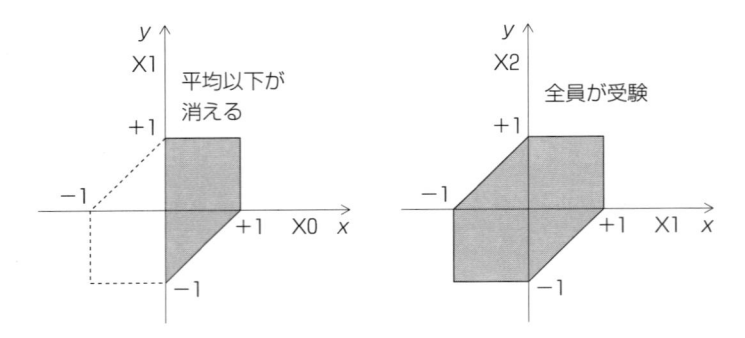

　例えば，X0とX1との関係も，X1とX2との関係も，第6章**4**で述べたような分布であったとします。そして，X0が平均以下の人が不合格でX1の資料がないけれども，X1の受験者の全員の資料がX2にはあるとしましょう。

　第6章**4**で計算したように，X1とX2との相関係数は，0.5です。X0とX1との相関係数は，左半分が消えるので，平均や標準偏差がずれます。そのため，計算は単純ではありませんが，0.249…と，相関係数が半分程度になりました。

[は] ○ **箱ひげ図**

　データの範囲を図示するのに，最大値・最小値を「ひげ」で，上から25%〜75%の順位の範囲を箱で，さらに，中央値を箱に書き加えられた線で示したものを箱ひげ図と言います。

中央値に近い50%

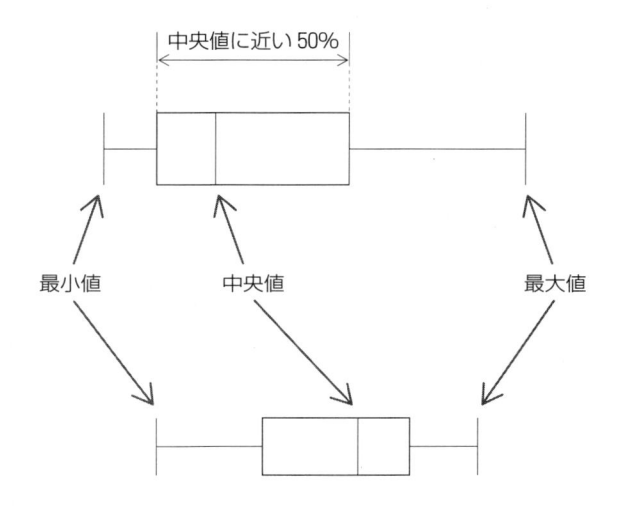

最小値　中央値　最大値

[ひ] ○ ヒストグラム
→幹葉図（みきは・ず）

[へ] ○ **変動率**（変動係数とも言います）
　標準偏差の平均に対する割合を変動率と言います。例えば，教科書が厚めの科目での，出版されている教科書の頁数の標準偏差は，

各科目・判型の教科書のページ数に関する統計量

統計量＼判型	B5			A5	
	数学基礎	数学Ⅰ	数学A	数学Ⅰ	数学A
平均	113.2	120.8	84.0	148.6	114.4
S. D.	20.8	8.8	8.0	7.4	8.9
変動率	0.184	0.073	0.095	0.050	0.078

(『学芸大数学教育研究』第14号, 2002, pp. 47-56による)

薄めの教科書の科目と比べると，ばらつきの具合が同じなら，標準偏差は大きくなります。そこで，標準偏差÷平均＝変動率で，ばらつきの具合を比較します。

[み] ○ **幹葉図**（stem and leaf chart）

調べたデータに関して，ある区間にある件数を，1件あたり1つの○で表わしたりするヒストグラムがあります。件数が多いときは，5件で「正」の字になるように1画ずつ書く方法も使われます。感度が $\frac{1}{5}$ になるので，限られたスペースで集計・表現するのに適します。

```
100||
 90||2223445555566
 80||000112333344455677 8
 70||0022255558888 8
```
《幹葉図の例》

区間が広すぎる場合。例えば100点満点のテストで，10点刻みで区間を設定して，70点台が続出した場合では，同じ70点台でも，72点なのか，78点なのか知りたくなることもあります。そのようなときには，○の代わりに下1桁の数字を書いて表示します。このような表わしかたを幹葉図と言います。

残念ながら MS-Excel には，標準では用意されていませんので，文字列関数を用いたプログラムやワークシート関数を使って自作する必要があります。

[も] ○ **文字列関数**

10問からなるアンケートの集計を MS-Excel を使って行なうとき，いちいちエンター・キーを押していると大変なので，回答用紙を5問毎にまとまるようにデザインしておいて，

Q1	Q2	Q3	Q4	Q5	Q6	Q7	Q8	Q9	Q10

《デザインの例》

5問の回答を5桁の数として入れ，mid（文字列，初めの位置，文字数）を使って1問毎に後で分けるとよいでしょう。

	A	B	C	D	E	F	G	H	I	J	K	L	M
1				1	2	3	4	5	6	7	8	9	10
2													
3	22345	31255		2	2	3	4	5	=MID	1	2	5	5
4	21445	31245		2	1	4	4	5	3	1	2	4	5
5	12445	23244		1	2	4	4	5	2	3	2	4	4
6	31334	12333		3	1	3	3	4	1	2	3	3	3

数式バー: `=MID($B3,D$1,1)`

利用例では，D3の数式を「=MID(\$A3,D\$1,1)」として，E3からH3までコピーし，I3の数式は「=MID(\$B3,D\$1,1)」で，これをM3までコピーしてから，D3からM3までを下の行までコピーしています。文字列関数には2つの文字列をつなげる「&」の他，文字列の左のn文字を出力する「=left(文字列,n)」などがあります。

[わ] ○ 歪度（わいど：skewness）

Zスコアの3乗の平均のことを言います。正規分布の場合は0になりますが，左右対称ではない分布では，正になったり負になったりします。

また，分布のグラフの尖りかたを，Zスコアの4乗の平均で調べることができますが，これを尖度と言います。正規分布の場合，この値は3になります。

文献ガイド——さらに進んで勉強される方のために

　本文中に紹介したものは省きました。また，現在品切れでも図書館などで閲覧できる可能性があるので，紹介しています。

○ 統計
・小島寛之，2006，『完全独習 統計学入門』ダイヤモンド社
　数式をあまり使わずに統計の意味を説明しているが，t検定などは具体的な作業まで踏み込んで記載されている丁寧な本。本書と互いにちょうど補完的な内容を持っています。
・大村　平，1969『統計のはなし』日本科学技術連盟
　『関数のはなし』などの親しみやすい著作で有名な，数学の語り部の統計の本。「故障と寿命」など応用方面での話題も含まれています。
・小杉　肇，1969『統計学史通論』恒星社厚生閣
　社会学・政治学的な内容に重点を置いています。内容はまさしく書名の通り。著者の凝り性な面がよく表われた好著。
・安藤洋美，1992『確率論の生い立ち』現代数学社
　ＡとＢの対話の形でもとになった具体的な問題を紹介しながら手際よく記述されています。

〇 組み合わせ論
・G. Polya 他, 1983 ／今宮淳美（訳）, 1986『組合せ論入門』近代科学社

　順列・組み合わせというとカビ臭い 19 世紀の遺物のようなイメージがありますが，微分積分と並行する差分和分の世界が広がっています。「有限数学」,「組み合わせ論」などがキーワード。いろいろな本が出ていますのでご自分との相性が良さそうな本を探してみてはいかがでしょう。

〇 その他の数学

　本書ではあまり数学の予備知識を必要としない記述をしましたが，諸性質の証明などで，本書を読んだ後に基礎を振り返ってみようとなさる方のために。

・一松　信, 1989/1990『微分積分学入門　第一課／第三課』近代科学社

　積分の計算については「解析学」,「微分積分学」が守備範囲としています。大学生を対象とした教科書がいろいろと出ていますが，大著が分冊になっているという点でお勧めしやすい本です。積分を表わす関数を求めるには，「置換積分」,「部分積分」という技法が有用な道具ですが，この第一課に記述があります。

　また，「重積分」,「偏微分」などがキーワードになる多変数の微積分は，第三課に記述があります。

・江見圭司，江見善一，2004『線形代数と幾何』共立出版

　因子分析に使われる「対角化」は，「線形代数」の守備範囲ですが，残念ながら私の知るところ，どの本も難しく書きすぎているように思います。この本は高校数学から対角化に至る最短経路の道筋をわかりやすく，かつ，誠実に示しています。

・安本美典，本多正久，1981『因子分析法』培風館：現代数学レクチャーズ D-2

　この本は因子分析に関する親しみやすい具体的な事例を紹介し，ほとんど数式を使わずに解説しています。

◯ インターネットのサイト

　状況が日々移り変わっていますが，2008 年 2 月現在で言えば，http://www.qmss.jp/e-stat/（松原望先生のサイト）など親切なサイトがあります。

　また，私のサイト http://www.x7net.com/~riosh/ で，この本のアフターケアができればいいなと思っています。

補　注

1 〈p. 115 参照〉　ちなみに実験の結果は，

1回目	2回目	3回目	4回目	5回目	6回目	7回目	8回目	9回目	10回目
3.096	3.163	3.170	3.126	3.138	3.152	3.078	3.139	3.133	3.178

11回目	12回目	13回目	14回目	15回目	16回目	17回目	18回目	19回目	20回目
3.182	3.181	3.136	3.091	3.178	3.136	3.195	3.109	3.158	3.174

でした．

2 〈p. 166 参照〉　条件付き確率を深めるのに，こんなフィクションはいかがでしょう．

　王様が赤球6つと，白球6つ，そして外見が同じなので互いに見分けることができない2つの壺を王子に渡しました．いまこっちの壺には「A」と書いた紙を入れておこう．他方の壺には「B」と書いた紙を入れておく．この12個の球全部を2つの壺に分けて入れなさい．どちらに何を何個入れるかは君の自由にしてよい．入れたら，目隠しをされる．そして壺を選ぶ．選んだ壺の中から，球を1つ取り出す．その球が赤だったら，君がみそめたあの町娘との交際を許してあげよう．

　王子はあまり状況を理解しないまま，「A」に赤3つ，白1つ．「B」に残りを入れました．そして目隠しをされて壺を選び，球を取り出したら，白でした．「おやおや残念だったね．じゃあ，君の選んだ壺がAかBかを当てられたら，あの町娘を来週の園遊会に招待しようか」王子は今度こそと，ちょっとは数学的に考えようと思いました．さて，壺がAである確率は？

　この確率は，実は白が出たという情報を最大限に利用すると，0.5ではないのです．神様になったつもりで，球に壺から出てくる運命の粉をふることにしましょう．壺が選ばれる運命（確率）

は 0.5 ずつですから，Aの白球は，0.5 の 4 分の 1，つまり 0.125 の確率を持っていました。B には合わせて 8 個の球が入っているのですから，1 つに 0.5 の 8 分の 1 である，0.0625 の分だけ運命の粉（確率）がかかっているのです。白は 8 個のうち 5 個もあります。

　白球が出たのですから，それぞれの壺に入っていた赤にかけられた運命の粉は無駄になったと言えるでしょう。全体を図にしてみましょう。それぞれの場合の確率は，対応する部分の面積で，条件付き確率はそれぞれの部分の縦の長さになります。

　図で灰色のところ（つまり赤にかかった運命の粉）を考えないで，白の部分で壺 A にかけられた粉の割合を考えるのです。A の白球にかかった割合は，0.125，B は 1 つに 0.0625 ですから，5 つで，0.3125。白にかけられた粉の合計 0.4375 のうち，A で使われた粉の割合は，

$$0.125 \div 0.4375 = 0.2857\cdots$$

　つまり，「B だと思う」と答えた方が分が良さそうです。球の個数の割合ではなく，A に入っている球の方が B より 2 倍も運命の粉がかかっていることに着目するのです。このように，後に

起こった事件から前に起こったことを考えることは,「ベイズ (Bayes) の定理」として一般化されています。

なになに,やっぱり壺2つの区別がないので,0.5 だろうですって？　じゃあ,Aには赤1個しか入れなかったときにも,Aの確率は0.5って思いますか？

3 〈p. 188 参照〉　状態遷移図から連立方程式を立てることを他の問題で練習してみましょう。

ある男が焼き鳥屋で酒を飲んでいる。

焼き鳥屋 (a) に居る場合,0.2 の確率で,すなおに家へ帰り,0.8 の確率で,帰り道交番へ立ち寄る。

男が交番 (b) にいるとき,0.375 の確率で,あまりに愛想よく巡査とお話ししたため,留置所に一晩泊まることとなり,0.625 の確率で,公園のベンチへ歩いていく。

男は公園 (c) ベンチでは,0.25 の確率で,大の字になって朝まで大いびきで寝るが,0.75 の確率で,なぜか焼き鳥屋へ戻る。

さて,この男がこの晩家へ帰ることができる確率やいかに？ただし焼き鳥屋は終夜営業していて,夜はまだまだ長いとする。

解) 各々の場所にいるときにうちへ帰ることができる確率を,a, b, c とおくと,(場所から場所へ移る確率を付記した矢印を使って状態遷移図を描きましょう)

$$\begin{cases} a = 0.2 \times 1 + 0.8b \\ b = 0.375 \times 0 + 0.625c \\ c = 0.25 \times 0 + 0.75a \end{cases}$$

解くと,$a = 0.32$。つまり 32% の確率です。

INDEX

◆ 記号・アルファベット

average	64
chitest	113
correl	64
exp	72, 80
mid	197
normsdist	83
normsinv	83
rand	75
SPSS	40
Stat Partner	40, 118
stdev	105
stdevp	25, 64, 105
ttest	107

◆ ア行

東洋	151
一様分布	75
一様乱数	75
因子得点	121
因子負荷量	40, 121
インチ	30
SPI	19
円周率	115

◆ カ行

χ	110
χ^2 検定	110
外延量	47
回帰係数	135
回帰式	135
回帰直線	33, 132, 135, 144
階級値	96
外積	148
ガウス曲線	27
確率密度	75, 154, 193
加重平均	49
片側検定	→検定
慣性能率	191
関連の強さ	39
危険率	94, 115, 138, 191
期待値	97, 191
期待度数	191
ギネス	106
逆関数	83
共通性	122
共分散	57-60
共分散公式	57, 63, 170
行列	152
寄与率	121
ギルフォード	19
組み合わせ	70, 175
検定	96, 107
コーシー	144
ゴセット	106
固有値	120

◆ サ行

サーストン ･････････････････････ 4
最小自乗法 ････････････････ 34, 142
最頻値 ･････････････････････････ 69
錯誤 ･････････････････････････ 191
∑ ･････････････････････････････ 53
シグマ記号 ･･････････････････ 52, 140
重回帰分析 ･･･････････････････ 132
重心 ･･････････････････････････ 69
重積分 ･･･････････････････････ 171
従属 ･････････････････････････ 178
周辺密度 ･････････････････････ 162
シュバルツ ････････････････････ 144
順列 ･････････････････････････ 174
条件付き確率 ･･･････････ 166-169, 180
状態遷移図 ･･･････････････････ 188
推定値 ････････････････････････ 94
スチューデント ････････････････ 106
性格占い ･･････････････････････ 18
性格検査 ･･････････････････････ 19
正規分布 ･･･････････････････ 80, 198
積分記号 ･･････････････････････ 77
Zスコア ･･･････････････････････ 26
説明変数 ･････････････････････ 132
線型性 ･･････････････････････ 78, 141
尖度 ･････････････････････････ 198
相関係数 ･･･ 34-38, 54, 64, 125, 144, 152, 191
相関図 ････････････････････････ 32
相関表 ････････････････････････ 32
相対度数 ･･････････････････････ 96
素データ ･･････････････････････ 28
素点 ･･････････････････････････ 26

◆ タ行

代表値 ････････････････････････ 69
多項定理 ･････････････････････ 187
中位値 ････････････････････････ 69
中央値 ･････････････････････ 69, 194
中心極限定理 ･･････････････ 27, 79
∂ ･･････････････････････････ 135
t検定 ････････････････････････ 107
t分布 ････････････････････････ 106
デフォルト ････････････････････ 120
同時密度 ･････････････････････ 162
独立 ････････････････････････ 112, 178

◆ ナ行

内積 ･･･････････････････････ 147, 151
内包量 ･･･････････････････････ 47, 49
二項定理 ･････････････････････ 187
二項分布 ･･････････ 70, 115, 174, 187
ノイマン　→フォン・ノイマン
濃度 ･･････････････････････････ 44

◆ ハ行

埴原和郎 ･････････････････････ 137
バリマックス回転 ･････････････ 120

半数補正 ·················· 89
反転項目 ·················· 123
判別分析 ·················· 137
標準正規分布 ············· 79
標準得点　→Ｚスコア
標準偏差 ····· 22, 25, 41, 57, 64, 126, 143, 193
標本 ························ 103
フォン・ノイマン ·········· 115
分散 ················ 57, 105, 142
分散公式 ···· 42, 54, 57, 63, 142, 145
平均 ··········· 21, 53, 64, 67, 98, 143
平均偏差 ··················· 42
ベイズの定理 ·············· 204
ベクトル ··················· 147
偏差値 ····················· 26
変動率 ····················· 195
ポアソン分布 ·············· 71
母集団 ···················· 102
ボルケトヴィッチ ·········· 72

◆ マ行

メディアン ················· 69

モード ····················· 69
モーメント ················· 49
目的変数 ·················· 132
モンテカルロ法 ············ 115

◆ ヤ行

有効成分 ·················· 45

◆ ラ行

乱数 ······················· 18
離散的確率変数 ··········· 73
両側検定　→検定
理論度数 ·················· 191
連続的確率変数 ··········· 73

◆ ワ行

歪度 ······················· 198

著者紹介

正田 良（しょうだ りょう）

国士舘大学文学部教授。1957年東京生まれ。東京大学教育学部卒業、東京学芸大学大学院教育学研究科数学教育専攻修士課程修了。武蔵中学・高等学校教諭、三重大学教育学部助教授などを経て、2007年より現職。
主な著書に『DIME 授業書による楽しい数学』（明治図書）、『高校の数学を解く』（共著／技術評論社）、『算数・数学って怖くない』（成文社）などがある。

統計入門 因子分析の意味がわかる
とうけいにゅうもん　いんしぶんせき　いみ

2008年2月25日　初版発行

著者	正田 良（しょうだ りょう）
カバーデザイン	中濱 健治

© Ryo Shoda 2008, Printed in Japan

発行者	内田 眞吾
発行・発売	ベレ出版
	〒162-0832　東京都新宿区岩戸町12　レベッカビル TEL.03-5225-4790　FAX.03-5225-4795 ホームページ　http://www.beret.co.jp/ 振替　00180-7-104058
印刷	株式会社文昇堂
製本	根本製本株式会社

落丁本・乱丁本は小社編集部あてにお送りください。送料小社負担にてお取り替えします。

ISBN978-4-86064-181-8 C2041　　　　　　編集担当　安達 正